I0072923

Einführung in den Straßen- und Erdbau

an Hand amtlicher Richtlinien
und Vorschriften

von

Dipl.-Ing. Hans Albrecht
Professor an der Staatsbauschule München

Mit 39 Bildern und mehreren Zahlentafeln

München und Berlin 1943
Verlag von R. Oldenbourg

Druck von J. P. Peter, Rothenburg o. Tbr.
Printed in Germany.

Vorwort.

Der Deutsche Straßenbau ist heute so weitgehend von den Richtlinien und Vorschriften bestimmt, die beim Generalinspektor für das Deutsche Straßenwesen herausgegeben sind, daß nicht einzusehen ist, warum nicht die wichtigsten derselben den Studierenden der Bauschulen in die Hand gegeben werden sollten. Unter dieser Voraussetzung kann diese Einführung sich darauf beschränken, die nötigen Vorkenntnisse zu vermitteln und in die Richtlinien selbst einzuführen.

Daneben ist Wert darauf gelegt, daß das erworbene Wissen in Übungen verarbeitet wird.

Das Buch ist möglichst knapp gehalten. Immer wird erst die Praxis dem Anfänger die letzte Lehre erteilen. Bauarbeiten, die noch in der Entwicklung begriffen sind, wie Bodenvermörtelung und für die noch Richtlinien zu erwarten sind, wie Radfahrwege, wurden nicht behandelt.

Den Behörden und Firmen, die mir bei der Beschaffung der Bilder behilflich waren, danke ich herzlich. Besonderer Dank gebührt auch dem Verlag.

Inhaltsverzeichnis.

I. Die wichtigsten amtlichen Richtlinien und Vorschriften.

RAL	Vorläufige Richtlinien für den Ausbau der Landstraßen	⎫
REE	Vorläufige Richtlinien für einheitliche Entwurfsgestaltung im Landstraßenbau	Volk und Reich Verlag Berlin
TVE	Technische Vorschriften für die Ausführung von Erdarbeiten im Straßenbau 1940	
(LVE	Muster Leistungsverzeichnis für die Ausführung von Erdarbeiten im Landstraßenbau)	
RUL	Richtlinien für die Ausführung des Deckenunterbaus auf Landstraßen	
(TVU	Technische Vorschriften für die Ausführung des Deckenunterbaus auf Landstraßen)	
(LVU	Muster Leistungsverzeichnis für den Deckenunterbau auf Landstraßen)	Verlag
TVBeton	Technische Vorschriften für die Ausführung von Betondecken auf Landstraßen	Otto Drewitz,
(LVBeton	Muster Leistungsverzeichnis für die Ausführung von Betondecken auf Landstraßen)	Berlin SW 61
(R	Richtlinien für den Bau und die Instandhaltung von Zementschotterdecken)	
RbitL	Richtlinien für bituminöse Deckenarbeiten auf Landstraßen	
(TVbit	Technische Vorschriften für bituminöse Deckenarbeiten auf Landstraßen)	
(LVbit	Muster Leistungsverzeichnis für die Ausführung von bit. Fahrbahndecken im Landstraßenbau)	

Ähnlich die Vorschriften für RAB.

Weitere Anweisungen geben die Merkblätter der Forschungsgesellschaft für das Straßenwesen.

II. Entwurf der Straße.

Entwurfspläne. Für die Ausführung eines Straßenbaues sind erforderlich: ein Lageplan, z. B. 1 : 1000 d. i. der Grundriß der Straße oder der Straßenachse, ein Höhenplan mit 10facher Überhöhung, der Aufriß der Straße, Querschnitte i. M. 1 : 100 und Pläne der Bauwerke an der Straße (vgl. REE).

Zur Gewinnung des Lageplans sind Karten zu beschaffen, in denen die Grundstücksgrenzen, Gebäude und Geländehöhen (Schichtenlinien) eingetragen sind (REE). Wo die vorhandenen Karten nicht ausreichen, ist das Land im Zuge der künftigen Straße durch Tachymetrie, Photogrammetrie oder Querprofile aufzunehmen. Die Punkte gleicher Meereshöhe werden dabei in Abständen von 1 bis 5 m durch Schichtenlinien verbunden.

Leitlinie. (Linie gleicher Steigung in Geländehöhe.) Versucht man einen Hügel in gleichmäßiger Steigung, z. B. 5% oder 1 : 20 zu ersteigen, so muß man für je 1 m Steighöhe 20 m waagrechte Wegprojektion zurücklegen. Im Schichtenplan kann man einen solchen Weg gleicher Steigung eintragen, indem man, von einem Punkt einer Schichtenlinie ausgehend, je 20 m des Grundrißmaßstabs mit dem Zirkel bis zur nächsten, 1 m höheren Schichtenlinie abträgt. Die so gefundene gebrochene Leitlinie (Nullinie) würde vielleicht für einen Fußweg von dem Talpunkt auf die Höhe genügen.

Für einen Feldweg müßte die gefundene Leitlinie durch einen wenig abweichenden Linienzug aus Geraden und Kreisbögen ersetzt werden, die sich berühren. Dabei ist zu beachten, daß durch die Ausrundungen die ganze Weglänge nicht etwa verkürzt wird, weil sonst die Steigung größer würde als beabsichtigt. Die Erdarbeiten für einen an die Leitlinie angepaßten Weg würden gering sein, weil sich die Wegachse wenig vom Boden entfernt.

Verlorene Steigung. Hat der Weg ein Tal zu überschreiten, so kann man entweder so tief hinabsteigen, als der Wasserlauf im Tal erlaubt und wieder ansteigen (verlorene Steigung) oder teilweise in den Berg hineinschneiden (Einschnitt, Abtrag) und das Tal teilweise auffüllen (Auftrag, Damm), möglichst so, daß die Auftragmassen aus dem Abtrag gedeckt werden. Allerdings ist nicht jeder Boden zum Einbauen geeignet, außerdem ist nicht nur der Ausgleich der Erdmassen für die Linienführung eines Weges maßgebend. Die Straßenachse wird also oft von der Nullinie abweichen.

Lageplan. Die waagrechte Projektion der Wegachse wird alle 100 m oder alle 50 m oder weniger mit der Bezeichnung der Entfernung vom Anfang versehen (kilometriert) von links nach rechts. An den Bogenenden sind die Halbmesser einzuschreiben. Später sind noch alle sonstigen Neuanlagen an der Straße rot einzutragen. Zunächst aber ist der Aufriß der Straße nach dem Lageplan zu konstruieren.

Längsschnitt. Auf einer 1 mm dicken waagrechten Linie, die eine geeignete Meereshöhe bedeutet (in REE z. B. Normalnull NN 20 m über dem Amsterdamer Pegelnull), wird die Kilometrierung der Straßenachse im Maßstab des Lageplans z. B. 1 : 1000 eingetragen, darüber die Höhe der geschnittenen Schichtenlinie im 10fachen Maßstab, z. B. 1 : 100, wodurch die Geländehöhe in Straßenachse als gebrochene Linie gefunden wird (schwarz). Trägt man noch die geplante Höhe der Straßenoberkante in der vorgesehenen Steigung ein, so kann man erst erkennen, ob überall Einschnitte und Dämme so ausfallen, wie beabsichtigt war. Die Steigung kann dann dem Gelände entsprechend verändert werden, also gebrochen (Steigungsbrechpunkte), oder es kann versucht werden, die Straßenachse besser zu legen. Lageplan und Längsschnitt sind daher gleichzeitig zu bearbeiten. Im Längsschnitt sind schließlich die Steigungen und die Straßen- und Geländehöhen an den wichtigen Punkten einzurechnen.

Querschnitte. Zur vorläufigen Berechnung der zu bewegenden Erd- massen können schließlich an den maßgebenden Punkten, den Geländebrech- punkten oder alle 20 bis 50 m Querschnitte gezeichnet werden, 1 : 100 oder 1 : 200, für die die Geländehöhen aus dem Lageplan zu entnehmen wären (REE).

Übung: Aufsuchen einer Wegachse in einem Schichtenplan (Trassieren), Längsschnitt und Querschnitte. (Z. B.: Ein Forstweg im Bergland von 4 m Breite für Schlepper und Anhänger ist von einem gegebenen Talpunkt aus zu trassieren. Krümmungen mit mindestens 15 m Halbmesser, Steigungen bis 16%.)

Übertragung ins Gelände. Für die Ausführung der Arbeiten und zur Ermittlung der genaueren Maßen- und Kostenberechnung ist die auf dem Plan ermittelte Linie durch Vermessungsarbeiten ins Gelände zu übertragen. Es werden erst die Tangenten der Straßenachse nach den Anhaltspunkten des Plans, z. B. Entfernung von Hausecken, aufgesucht, deren Schnitt und Winkel gesucht und zu den gegebenen Halbmessern die Bogenanfänge, Bogenlängen und Bogen- mitten berechnet und eingemessen. Die Straßenachse wird durch Pflöcke be- zeichnet, kilometriert (stationiert) und nivelliert. Damit wird Grundriß und Auf- riß der Straßenachse genau ermittelt. Auch die Querschnitte werden durch Nivellieren nach der Natur aufgenommen.

Bei diesen Außenarbeiten wird es sich häufig zeigen, daß die im Plan er- mittelte Trasse noch verbesserungsbedürftig ist, nicht nur im Hinblick auf die zu bewegenden Erdmassen, sondern auch wegen der Bodenbeschaffenheit, Bau- stoffgewinnung und anderem. Auch die zur Abführung des Wassers nötigen Gräben und Durchlässe werden nun erst entscheidend festzulegen sein.

III. Linienführung im Grundriß und Aufriß; Querschnitt.

Die allgemeine Führung einer Straße hängt von wirtschaftlichen, sozial- politischen oder militärischen Erwägungen ab. Die Reichsautobahn (RAB) ver- bindet weite Räume, wird nur von Kraftwagen befahren, die Reichsstraßen ergänzen das Netz der RAB, die Landstraßen I. und II. Ordnung dienen dem Bezirksverkehr und sind Zubringer des Verkehrs zur RAB, Reichsstraße oder Eisenbahn. Gemeindeverbindungswege leiten den örtlichen Verkehr, Feld-, Acker- und Forstwege werden außer von Kraftwagen und Pferdefuhrwerken von Schleppern und landwirtschaftlichen Maschinen befahren.

Die Führung der Trasse im Lageplan, die Höchststeigung und Fahrbahn- breite hängen nicht allein vom Gelände ab, sondern richten sich auch nach den vorherrschenden Fahrzeugen, deren Breite, Geschwindigkeit, Wendigkeit, An- triebsart und Bereifung.

1. Fahrzeuge.

Kraftwagen. Als Standardtypen für den Verkehr auf Landstraßen (auch RAB und Reichsstraßen) legen die RAL Personenkraftwagen (PKW), Personenomnibus (BUS) und Lastkraftwagen mit 1 oder 2 Anhängern (LKW + 1 A) der Bestimmung der Fahrbahnbreite und der kleinsten Krümmungshalbmesser zugrunde (siehe RAL).

Der Antriebsmotor wirkt auf Hinter- oder auf Vorderachse oder auf beide (Allradantrieb). Beim Hinterradantrieb wird der Wagen von den Hinterrädern geschoben, beim Vorderradantrieb von den Vorderrädern gezogen.

Die Vorderachse, die im Gegensatz zu den Fuhrwerken fest ist, hat Lenkräder, die sich nach dem Drehmittelpunkt einstellen können. Die Hinterachse der Kraftwagen und Anhänger ist gegen die Symmetrieachse des Wagens nicht drehbar. Ein Ausgleichsgetriebe (Differential) ermöglicht den Antriebsrädern, die verschieden großen Wege in Krümmungen ohne Reibungsverluste zu machen.

Die Antriebsräder bewegen das Fahrzeug unter Ausnutzung der „gleitenden Reibung", während die anderen Räder lediglich „rollen" (rollende Reibung).

Alle Kraftwagen haben Luftreifen, die Anhänger auch hochelastische Vollgummireifen. Eisenreifen sind für landwirtschaftliche Betriebe zugelassen.

Auf ungenügend befestigten Straßen wirken die Räder schädigend durch zu hohen Druck besonders bei zu schmalen Vollreifen, durch Stöße bei ungenügender Federung, Absaugen von Staub und Steinchen aus der Fahrbahndecke bei hoher Geschwindigkeit schwerer Wagen, durch die Reibung beim Schleudern und infolge der Fliehkraft in Kurven wenig überhöhter Straßen, ferner durch das Überschreiten der gleitenden Reibung bei zu raschem Bremsen.

Maße und Gewichte der Kraftwagen und Schlepper s. RAL, Din 1072 und Din 1183 (Straßen- und Feldwegbrücken).

Übung: Konstruiere mit Hilfe der Planimetrie das in RAL gegebene Beispiel der Fahrt eines LKW + 2 A in gegebener enger Kurve und bestimme daraus die notwendige Fahrbahnbreite.

Fuhrwerke. Sie sind nach der Landschaft in Form und Tragfähigkeit verschieden. Der zweiachsige „Wagen", ein- oder zweispännig, überwiegt. Im Rheinland kommen auch einachsige „Karren" mit großen Rädern vor, die geringere rollende Reibung verursachen, aber bei Steigungen schwere Pferde erfordern. Im Gebirge sind die Wagen klein und von geringer Tragkraft. Über Höchstmaße für Brückenbauten s. Din 1072 und 1183.

Die Hinterachse ist mit Langbaum und Wagengestell unverschieblich verbunden, die Vorderachse ist um den „Reibnagel" bis etwa 60 Grad zum Langbaum drehbar.

Im Langholzwagen verbindet die Holzladung selbst zwei Achsen zu einem Wagen; beide Achsen sind drehbar, die Vorderachse mittels der Deichsel, die Hinterachse durch den Schwenkbaum (Sterzbaum).

Das mit Eisenreifen versehene Holzrad der Fuhrwerke wird durch Stahlrad (nur auf Ackerboden) und durch Kraftwagenbereifung verdrängt. Ein 3 t Volksackerwagen ist geplant.

Neben der Bespannung mit Pferden oder Ochsen führt sich der Schlepper ein, der gleichzeitig als Kraftmaschine verwendet wird.

Die größte Breite von landwirtschaftlichen Maschinen ist 4 m, als größte Höhe von Heuwagen kann 4,4 m angenommen werden.

Bei Bemessung der Querneigung von Straßen ist auf die Gleitgefahr eisenbereifter Wagen Rücksicht zu nehmen, besonders wo Langholzverkehr im Winter besteht.

Zugkraft und Bewegungswiderstände. Zugkraft der Kraftwagen. Die Triebräder werden durch den Motor mittels Welle und Getriebe gedreht, wälzen sich wegen der (gleitenden) Reibung R auf der Straße vorwärts und entwickeln dabei die Zugkraft Z_{kg}, welche das Wagengewicht Q_{kg} gegen die Widerstände W der Fahrbahn, der Steigung oder des Fahrwindes bewegt. Die Zugkraft ist höchstens gleich der Reibung

$$Z \leq R$$

Ist die Reibung kleiner als die Bewegungswiderstände oder die Antriebskraft des Motors, so laufen die Räder leer. Da die Reibung höchstens gleich Reibungsgewicht Q_r mal Reibungszahl f ist

$$R = Q_r \cdot f$$

so ist die Zugkraft

$$Z \leq Q_r \cdot f$$

und ebenso die Bremskraft. Q_r ist die Belastung der Triebräder, die also möglichst groß gemacht wird, um die Zugkraft zu erhöhen. Für die Reibungsziffer kann bei trockener Fahrbahn f = 0,4 bis 0,5 je nach der Rauhigkeit der Fahrbahn angenommen werden, bei nassen, schmierigen Straßen oder Glatteis sinkt sie auf 0,1.

Die Zugkraft hängt andererseits von der Motorleistung und der Geschwindigkeit des Wagens ab. Die Nennleistung des Motors wird auf dem Wege vom Motor bis Triebradumfang durch innere Reibungen auf $\eta \cdot N$ abgemindert (η rd. 0,9). Die Leistung ist gleich Kraft mal Geschwindigkeit in kgm oder in PS:

$$\eta \cdot N_{PS} = \frac{Z_{kg} \cdot v_{m/sec.}}{75}$$

Mit der Geschwindigkeit V = km/Std. wird $v = \dfrac{1000\,V}{60 \cdot 60} = \dfrac{V}{3,6}$ m/sec und

$$\eta \cdot N_{PS} = \frac{Z \cdot V}{75 \cdot 3,6} = \frac{Z_{kg} \cdot V_{km/Std.}}{270}$$

oder die Nennleistung

$$N_{PS} = \frac{Z \cdot V}{270 \cdot \eta} \sim \frac{Z \cdot V}{240}$$

und, wenn die Geschwindigkeit gegeben ist

$$Z_{kg} = \frac{N_{PS} \cdot 270 \cdot \eta}{V_{km/Std.}}$$

Die hiedurch und durch $Z \leq R$ bestimmte Zugkraft muß die Fahrwiderstände (Reibung), die Steigung des Weges und den Luftwiderstand (bei großen Geschwindigkeiten) überwinden. Auch enge Krümmungen bieten Widerstand, der bei Straßen vernachlässigt wird.

Bewegungswiderstände. Fahrwiderstand. Der Fahrwiderstand W_r wird durch Lagerreibung der Räder, durch die wenn auch kleinen Unebenheiten der Straßendecke und durch das elastische Nachgeben derselben und der Bereifung hervorgerufen, also meist durch rollende Reibung, wozu noch Gleiten in Krümmungen kommt. Auch die Querneigung der Straße in der Geraden erhöht den Widerstand.

Fahrwiderstand W_r = Wagengewicht Q mal Reibungszahl μ

$$W_r = Q \cdot \mu$$

Für Schotterstraßen und feste Erdwege ist μ rd. 0,05 oder 50 kg/t und sinkt bei Beton- und Asphaltstraßen bis 0,01 oder 10 kg/t. Z. B. für Betonstraße

$$W_r = Q_t \cdot 10 \text{ kg/t} = 10 \text{ } Q_t \text{ in kg.}$$

Steigungswiderstand. Auf steigender Bahn kommt zum Fahrwiderstand noch der Hangantrieb W_s, d. i. die zur Fahrbahn parallele Seitenkraft des Wagengewichts Q,

$$W_s = Q \cdot \sin \alpha,$$

wo d der Neigungswinkel der Straße zur Waagrechten ist. Da d klein ist, ist angenähert $$W_s = Q \cdot \text{tg } \alpha$$

Bei s $^0/_{00}$ Steigung ist tg α = s $^0/_{00}$, z. B. bei Steigung 1 : 20 oder 50 $^0/_{00}$ ist tg α = 0,050 und s = 50. Wenn man Q in t einsetzt, erhält man also

$$W_s = Q_t \cdot s \text{ in kg}$$

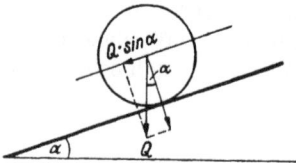

Abb. 1. Steigungswiderstand = Hangabtrieb

Z. B. bei 50$^0/_{00}$ Steigung ist der Steigungswiderstand $W_s = Q_t \cdot 50$ kg. Bei der Fahrt im Gefäll wird W_s negativ, der Hangabtrieb wird also eine beschleunigende statt verzögernde Kraft.

Luftwiderstand. Wenn die Geschwindigkeit des Wagens V km/Std, sein Querschnitt F qm und a ein die Form des Wagens kennzeichnender Faktor ist (Stromlinienform, a etwa 0,5 bis 0,35), so ist der Luftwiderstand etwa

$$W_l = 0,005 \cdot a \cdot F \cdot V^2 \text{ in kg.}$$

Gesamtwiderstand. Für Kraftwagen ist der Gesamtwiderstand ohne die innere Reibung des Getriebes

$$W_{kg} = W_r \pm W_s + W_l \text{ (— } W_s \text{ für Gefäll).}$$

Erforderliche Zugkraft. Die Zugkraft, die nötig ist, um einen in Gang gebrachten Wagen auf gleicher Geschwindigkeit zu erhalten, muß mindestens gleich dem Gesamtwiderstand sein

$$Z \geqq W$$

(Zum Anfahren ist außer der die Widerstände der Anfahrtstrecke W_r und W_s

überwindenden Zugkraft noch eine Zugkraft P gleich Masse m mal Beschleunigung b nötig

$$P = m \cdot b,$$ welche dem Wagen von der Masse $m = Q/g$ eine Beschleunigung erteilt, bis die Geschwindigkeit v erreicht ist.)

B e i s p i e l. Für einen Brückenbau sind auf einem befestigten Schotterweg (Rollwiderstand 0,05) mit $80\,^0/_{00}$ Steigung 1,6 km weit Steine beizufahren. Zur Verfügung steht ein Schlepper von 40 PS mit 4 t Gewicht, davon 2,8 t Belastung der Triebachse, und mehrere Anhänger von 5 t Tragkraft und 2 t Eigengewicht. Der Schlepper soll einen Anhänger fahren, während die anderen beladen und entladen werden. Der Aufenthalt des Schleppers an den Lade- und Entladestellen soll zusammen 10 Minuten betragen. Gesucht ist die tägliche Fahrleistung.

Fahrwiderstand $\quad W_r = (4 + 7)\, t \cdot 50 \text{ kg/t} = 550 \text{ kg}$
Steigungswiderst. $\quad W_s = 11\, t \cdot 50 \text{ kg/t} \quad = 660 \text{ kg}$
$$\overline{\qquad\qquad\qquad\qquad\qquad 1210 \text{ kg.}}$$ Luftwiderst. vernachl.

Mit dem Reibungsgewicht 2,8 t und einer Reibungszahl $f = 0,5$ ergibt sich eine mögliche Zugkraft $Z_{vorh} = 2800 \cdot 0,5 = 1400$ kg, also genügend.

Nach der Motorleistung ist bei einer Geschwindigkeit V km/Std. und $\eta = 0,8$

$$N^{PS} = \frac{Z \cdot V}{\eta \cdot 270}; \quad V = \frac{40 \cdot 0,8 \cdot 270}{1210} = \text{rd. } 7,1 \text{ km/Std.}$$

Bei gleicher Geschwindigkeit für Hin- und Rückfahrt braucht der Schlepper für eine Nutzfahrt

$$\frac{1,6 \cdot 2 \cdot 60}{7,1} + 10 \text{ Min.} = 37 \text{ Min., leistet also in 8 Std.:}$$

$$\frac{8 \cdot 60}{37} = 13 \text{ Fahrten, also } 13 \cdot 5\, t = 65\, t \text{ Steine.}$$

B e i s p i e l. Die Bremsstrecke, auf welcher ein gebremster Wagen vor einem Hindernis zum Stehen kommt, ist aus Diagrammen der RAL zu ermitteln. Hier soll die Anwendung der Formeln der Physik auf den Bremsvorgang gezeigt werden.

Ein Lastkraftwagen vom Gewicht Q kg und der Geschwindigkeit 80 km/Std. wird auf einer Straße gebremst. Das Reibungsgewicht sei $^2/_3$ Q. Reibungszahl $f = 0,4$. Wie lang ist die Bremsstrecke?

Auf ebener Bahn wird die lebendige Kraft des Kraftwagens von der Geschwindigkeit $v = 80000 : 3600 = 22,2$ m/sec durch die gleitende Reibung $R = ^2/_3\, Q \cdot f$ vernichtet. Die Arbeit der Reibung auf der Bremsstrecke l ist dabei $R \cdot l$ und ist gleich der lebendigen Kraft des Wagens

$$R \cdot l = \frac{m \cdot v^2}{2}; \quad ^2/_3 \cdot Q \cdot f \cdot l = \frac{Q}{g} \cdot \frac{22,2^2}{2}$$

$$\frac{2}{3} \cdot 0,4 \cdot l = \frac{22,2^2}{9,81 \cdot 2}$$

$$l = 94,6 \text{ m.}$$

Mit dem Weg in der „Schrecksekunde" wird die erforderliche Sichtstrecke
94,6 + 22,2 = 117 m. (RAL'Taf. IV.)

Hiernach ist die Sicht in scharfen Wegkrümmungen, an Wegkreuzungen
und Kuppen (Ausrundung von Steigungen) zu bestimmen.

Beispiel. Der obige Lastkraftwagen bremst auf einer 4 % ($= 40^0/_{00}$, s = 40)
geneigten Strecke. Der Hangabtrieb $\dfrac{Qkg}{1000} \cdot$ s wirkt als beschleunigende Kraft,
verlängert die Bremsstrecke und leistet die Arbeit $\dfrac{Q}{1000} \cdot$ s $\cdot$ l, welche gleich der
lebendigen Kraft des Wagens durch die gleitende Reibung vernichtet werden muß.

Daher: Arbeit der Bremsreibung = lebendige Kraft des Wagens + Arbeit
des Hangabtriebs.

$$\frac{2}{3}\, Q \cdot f \times l = \frac{Q}{g} \cdot \frac{v^2}{2} + Q \cdot 0,04 \times l$$

$$\frac{2}{3} \cdot 0,4 \cdot l = \frac{22^2}{2g} + 0,04 \cdot l$$

$$l\left(\frac{2}{3} \cdot 0,4 - 0,04\right) = \frac{22^2}{2 \cdot 9,81}; \; l \sim 110 \text{ m};$$

Die Sichtstrecke wird 110 + 22,2 $\sim$ 133 m.

Zugkraft der Zugtiere. Auch bei Tieren ist die Zugkraft durch die Größe
der Reibung – zwischen den Hufen und der Fahrbahn – begrenzt.

Z = R und R = G $\cdot$ f, wenn G das Gewicht der Zugtiere ist. Auf den glatten
Straßen der Städte ist also ein großes Gewicht der Zugtiere zweckmäßig. Die
Zugkraft eines mittleren Pferdes ist 75 kg, zweier Pferde etwa 145 kg. Für kurze
Strecken kann mit der doppelten Anzugskraft gerechnet werden.

Widerstände. Wenn Q das Gewicht des beladenen Wagens und G das
Gewicht der Zugtiere ist, wird der Gesamtwiderstand bei s $^0/_{00}$ Steigung und einer
Fahrbahnreibungszahl μ

$$W = W_r \pm W_s = Q \cdot \mu \pm (Q + G) \cdot s$$

Der geringe innere Widerstand der Achslager und der Luftwiderstand sind
zu vernachlässigen.

Bei der Talfahrt kann der Hangabtrieb größer werden als der Fahrwiderstand. Die Rückhaltekraft der Zugtiere kann dabei nur mit der Hälfte der Zugkraft angenommen werden.

2. Ausbaugeschwindigkeit V.

Die Straßenachse des Lageplans ist eine Verbindung von Geraden und Kreisbögen in mehr oder weniger zügigem Schwung. Auch der Längenschnitt zeigt
nicht nur eine Folge von Steigungen und Gefäll, sondern wegen der für den Kraftverkehr notwendigen großen Ausrundungen verläuft auch das Auf und Ab der
Höhen in Schwingungen.

Der kleinste verwendbare Krümmungshalbmesser, die größte zulässige Steigung und die Ausrundungen der Gefällswechsel, ferner die Breite der Straße und ihre Querneigung in den Bögen und schließlich die nötige Sichtweite vor Hindernissen und entgegenkommenden Fahrzeugen hängen von der nach Landschaft und Wichtigkeit der Straße festgesetzten maßgebenden Geschwindigkeit des Kraftverkehrs, der „Ausbaugeschwindigkeit" V ab.

3. Grundriß der Straße.

Fahrt in der Geraden. S t r a ß e n b r e i t e. Die Straßenbreite – Kronenbreite – richtet sich nach der Verkehrsgröße und -Art und nach der Ausbaugeschwindigkeit. Der befahrene Teil, die Fahrbahn, ist beiderseits durch die Bankette von mindestens je 0,70 m Breite geschützt. Aus Taf. VII der RAL ergibt sich z. B. in der Geraden für Begegnung von LKW und PKW, also auf zweispuriger Straße mit V bis 60 km/Std. 6 m Fahrbahnbreite einschließlich der Spielräume beiderseits und zwischen den Fahrzeugen.

Q u e r n e i g u n g q_d %. Das Tageswasser, Regen- und Schneewasser muß von der Straße möglichst schnell abgeführt werden. Der Straßenquerschnitt erhält daher eine Querneigung, die in der Geraden dachförmig mit Ausrundung in der Mitte, oder – bei städtischen Straßen – kreisförmig gewölbt oder, besonders bei Gebirgsstraßen, aber auch bei den getrennten Fahrbahnen der RAB, einseitig ist. Die Querneigung ist bei stärkerem Längsgefäll kleiner. Völlig waagrechte Strecken sind zu vermeiden.

Die Querneigung q_d beträgt in der Geraden

bei Betondecken q_d . . = 1,0 oder 1,5 %
Oberflächenschutz . = 1,5 „ 2,5 %
Pflaster . . . . . . bis 3 %
Schotterwegen . . . „ 5 %

Fahrt im Bogen. F a h r b a h n b r e i t e. Aus der vorigen Übung ergab sich, daß die Fahrt in Bögen mit kleinem Halbmesser eine größere Fahrbahnbreite erfordert als in der Geraden. Die je nach Halbmesser H, der Ausbaugeschwindigkeit V und dem Verkehr erforderliche Breite ist in RAL Taf. VII a dargestellt, z. B. für Begegnung von LKW und 2 A mit PKW bei 25 km/Std. Geschw. im Bogen von H = 25 m wird die Fahrbahnbreite 7,40 m statt 6,0 m in der Geraden. Die Verbreiterung ist i = 1,40 m und ist nach innen anzusetzen.

F l i e h k r a f t. Bei der Fahrt im Bogen mit dem Halbmesser H wirkt auf den Kraftwagen vom Gewicht Q außer der Schwerkraft, den Fahrwiderständen und der Antriebskraft noch die Fliehkraft (in Richtung des Halbmessers nach außen).

$$C = \frac{Q \cdot v^2}{g \cdot H}$$ wo v die Geschwindigkeit des Wagens in m/sek. ist. Z. B.

Q = 1000 kg, v = 16,7 m/sek. (60 km/Std.) H = 50 m ergibt

$$C = \frac{1000 \cdot 16,7^2}{9,81 \cdot 50} \sim 560 \text{ kg.}$$ Bei H = 30 m wird C schon fast gleich dem

Gewicht des Wagens, so daß auf ebener Fahrbahn bei geringer Spurweite und hochliegendem Schwerpunkt des Wagens ein Kippen oder Abgleiten (Schleudern) des Wagens droht und die Wagenkonstruktion ungünstig beansprucht wird.

Querneigung q %. Gleitgefahr und Kippgefahr wird durch einseitige Querneigung und Vergrößerung ihres Maßes von q_d auf q vermieden. Ab H = 1000 m wird $q = q_d$. Da die Ausbaugeschwindigkeit der Bemessung der Überhöhung zugrunde gelegt wird, wird im allgemeinen immer noch die gleitende Reibung auf der Straßendecke zur Aufnahme seitlicher Kräfte in Anspruch genommen.

Die Querneigung q % ist der Taf. I der RAL zu entnehmen, z. B. für V = 40 km/Std. und H = 100 m wird q ∼ 7%.

Da auch auf langsame Fahrzeuge, bes. Fuhrwerk Rücksicht zu nehmen ist, ergibt sich auch eine Abhängigkeit des zulässigen kleinsten Halbmessers von der Ausbaugeschwindigkeit.

Übergangsbogen. Die Fliehkraft tritt beim Übergang aus der Geraden in den Bogen sofort in voller Stärke auf. Um diesen Stoß zu vermeioen, wird zwischen Gerade und Kreisbogen ein Übergangsbogen eingeschaltet, eine Kurve höherer Ordnung, deren Krümmungshalbmesser am Berührungspunkt mit der Geraden unendlich groß ist, und am Berührungspunkt mit dem verbleibenden Kreisbogen auf den Halbmesser H gesunken ist.

Vorbogen. Für die Praxis genügt die Absteckung eines Kreisbogens vom Halbmesser 2 H als Zwischenbogen und zwar bei großen Halbmessern für die Straßenachse, bei scharfen Kurven für beide Straßenränder besonders. Der theoretische Übergangsbogen reicht über Vorbogenanfang VA und -Ende VE noch um je ein Stück b hinaus. (s. RAL.)

Tangentenabrückung ΔH. Um zwischen eine Gerade und einen sie berührenden Kreis den Vorbogen mit doppeltem Halbmesser einzuschalten, kann man entweder die Gerade abrücken oder, wie in der RAL, den Kreis durch einen um ΔH kleineren, konzentrischen Kreis ersetzen. Die zweckmäßige Größe von ΔH – mindestens 0,30 m – hängt von der

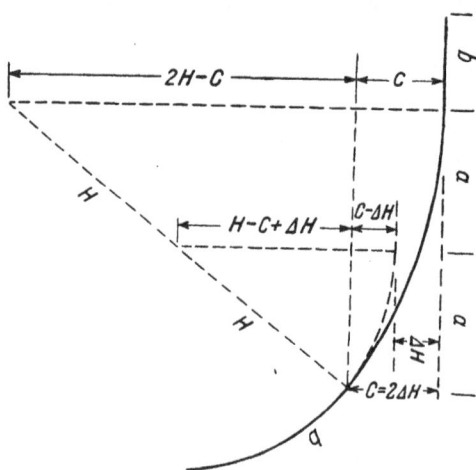

Abb. 2. Vorbogen. Aus ähnlichen Dreiecken folgt: $2 H-C = 2 (H-C+\Delta H)$; $C = 2 \Delta H$.

Querneigung q, also indirekt von H und V ab und ist aus Taf. I der RAL zu entnehmen. Für den inneren Straßenrand kommt dazu noch die Verbreiterung i. Die Bestimmungsmaße a, b und φ sind in Taf. II der RAL verzeichnet. Dabei ist 2a die Projektion des Vorbogens auf die Gerade und wird durch den ursprünglichen Bogenanfang halbiert. Die Rechnung ergibt $a = \sqrt{2 \Delta H \cdot H - \Delta H^2}$.

Der Abstand des Vorbogenendes von der Geraden ergibt sich zu $c = 2\,\Delta\,H$. Der Übergriff b des theoretischen Übergangsbogens ist beiderseits $b = 0{,}732\,a$.

Übung. Konstruiere planimetrisch den Vorbogen zu gegebenen $H = 30$ m und Tangentenabrückung $\Delta\,H + i = 1{,}70$ m i. M. 1 : 500, berechne aus ähnlichen Dreiecken a und c und vergleiche mit Taf. II der RAL.

Zentriwinkel: min φ. Bei scharfen, kurzen Krümmungen, z. B. beim Umbau älterer Straßen, kann es vorkommen, daß beim Einschalten der beiderseitigen Übergangsbögen mit den Maßen der RAL nichts mehr vom ursprünglichen Bogen übrigbleibt. Dann ist $\Delta\,H$ oder H passend zu ändern. Die Angabe von min φ in den RAL macht auf diese Notwendigkeit aufmerksam.

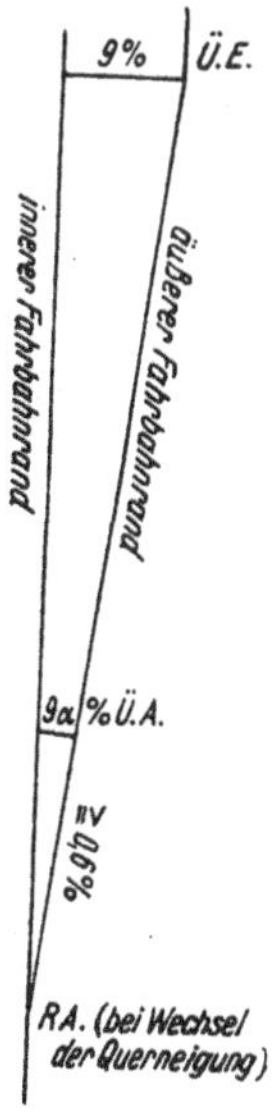

Anrampung. $p_a\%$. Die Querneigung q der Straßenkrone muß am Ende ÜE des Übergangsbogens des äußeren Straßenrandes voll vorhanden sein. Sie soll am Übergangsbogenanfang ÜA gleich der Neigung des Dachprofils bzw. der einseitigen Neigung in der Geraden q_d sein. Die Anrampung aus dem Dachprofil muß also schon vor ÜA beginnen (Rampenanfang RA) und soll in geradliniger Steigung bis ÜE auf q wachsen.

Sie erfolgt allgemein durch Überhöhung des äußeren Straßenrandes (des äußeren Schienenstrangs bei der Reichsbahn).

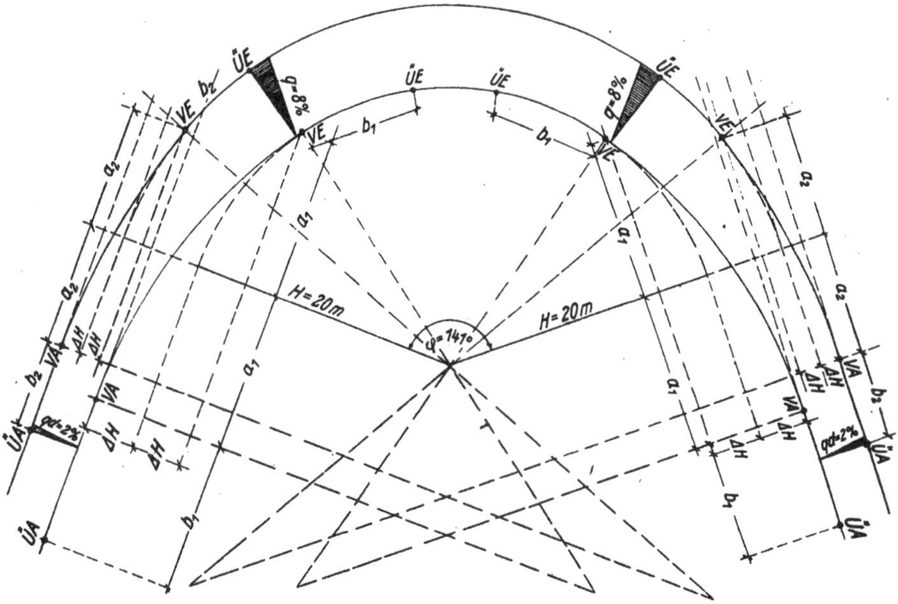

Abb. 3.
Anrampung.

Abb. 4. Bogen mit Übergangsbögen und Rampen.

Für die Talfahrt in scharfen Krümmungen (Kehren) kann die äußere Straßenhälfte über das gewöhnliche Grenzmaß 8% überhöht werden, so daß bei links talwärts verlaufenden Kurven ein hohl geknickter Querschnitt entsteht. Die Anrampung erscheint im Längsschnitt nicht.

Übung. Zeichne 1 : 200 den Grundriß eines Straßenbogens mit H = 20 m (Straßenachse) und 7,50 m Breite der anschließenden Geraden, wenn die Verbreiterung i = 2,0 m, und ΔH = 0,65 m ist. Zentriwinkel des Bogens $\varphi = 150^0$.

Rampen zwischen gleichlaufenden Krümmungen. Auf Geraden bis 300 m Länge zwischen gleichlaufenden Krümmungen wird die einseitige Querneigung q_d beibehalten, auf Zwischengeraden unter 50 m die volle Überhöhung q. Kurze Zwischengeraden werden aber besser vermieden.

Rampen zwischen Gegenkrümmungen. Aus der Konstruktion der beiderseitigen Übergangsbögen und Rampen ergibt sich die Mindestlänge der Strecke zwischen den ursprünglichen Bogenanfängen. Die RAL geben die Ausführungsarten an:

1. Übergang zum Dachformquerschnitt auf der Zwischengeraden. Es kann aber auch die einseitige Neigung q_d bis zur Gegenrampe beibehalten werden.
2. Einfacher schraubenförmiger Übergang zur Gegenrampe. Die Anfänge der beiden Gegenrampen liegen einander gegenüber. Die Strecke zwischen den beiden äußeren Übergangsbogenanfängen ÜA muß so groß sein, daß mit dem Anrampungsmaß p_a% nach jeder Seite hin die entgegengesetzte Querneigung q_d erzielt wird.
3. Ineinandergeschobene schraubenförmige Übergänge. Der Rampenanfang des einen Bogens liegt dem äußeren ÜA des Gegenbogens gegenüber.

Übung. Zeichne i. M. 1 : 500 oder 1 : 1000 den Lageplan eines mit dem Halbmesser H = 30 m (Innenrand) gekrümmten Straßenzuges, Verbreiterung i = 4 m, ΔH = 1,15 m, Zentriwinkel 140^0, Breite in der Geraden 7,5 m, mit beiderseits anschließenden kurzen Zwischengeraden zu Gegenbögen von je 100 m Halbmesser. Für letztere ist i = 1 m, ΔH = 0,30 m anzunehmen; q_d = 1,5%, q = 5% (H = 100 m) und 10% (H = 30 m).

4. Der Aufriß.

Der Längsschnitt wird in der Straßenachse geführt, hat also die gleiche Längenbezeichnung – Stationierung oder Kilometrierung – wie der Lageplan. Er zeigt das Gelände und die Straßenkrone. Da jedoch eine Darstellung der wechselnden Querneigungen der Straßenoberfläche das Bild der Längsneigungen undeutlich machen würde, ist es wenigstens für den Lernenden zweckmäßig, als Kronenhöhe überall den tiefsten Punkt des Straßen- (oder Fahrbahn-)querschnittes zu verzeichnen.

Bezugslinie. Damit bezieht sich der Längsschnitt in der Geraden auf die Höhe des Fahrbahnrandes des Dachprofils oder des tieferen Fahrbahnrandes bei einseitiger Querneigung und in Kurven auf die Höhe des inneren Fahrbahnrandes.

Zwischen Gegenbögen wechselt diese „Bezugslinie" in der Regel ohne Höhensprung auf die andere Seite. Die gegen die Achse veränderte Lage der Bezugslinie in Bögen bleibt für die Straßenlänge und die Berechnung der Längsneigung außer Betracht. (S. Abb. 5.)

Abb. 5.

Rampenübergang, wenn die Straßenhöhe auch in der Geraden auf den tieferen Straßenrand bezogen wird:

a) aus gleichseitiger, einseitiger Neigung,

b) aus dem Dachprofil,

c) aus entgegengesetzt einseitiger Neigung (Sprung im Längenschnitt),

d) wie c) mit Drehung des Querschnittes um die Achse (kein Sprung im Längenschnitt).

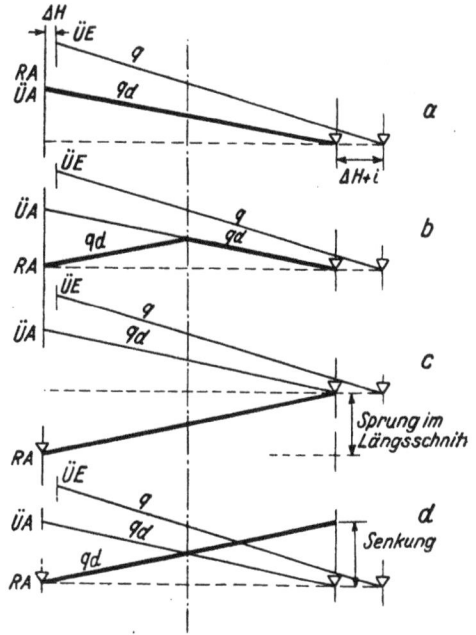

Steigungsverhältnisse n%. Ein Wechsel von großen Steigungen zu tiefem Gefäll, der nicht durch das Gelände geboten ist (verlorene Steigung), soll vermieden werden. Die Grenzsteigungen bei gegebener Ausbaugeschwindigkeit sind aus Taf. III RAL zu entnehmen. Jedoch hat sich selbst im Gebirge eine Höchststeigung $n = 6,5$ bis 7% bewährt. Im Flachland wird man mit Steigungen bis $2,5\%$, im Hügelland bis 5% auskommen.

Gefällswechsel. Die Gefällsbrechpunkte sind nach Lage (Station) und Höhe (Kote) im Längsschnitt anzugeben. Die Gefällswechsel sind mit möglichst großem Halbmesser auszurunden und die Ausrundungshalbmesser, Tangentenlängen und die Senkung bzw. Hebung der Straßenkrone einzurechnen.

Kuppen. Die Ausrundung der Kuppen, d. h. der nach aufwärts gerichteten Brechpunkte geschieht mit Rücksicht auf das notwendige Sichtfeld vor einem Hindernis auf der Fahrbahn. Aus Taf. IV RAL sind für gegebenen Neigungswinkel und Ausbaugeschwindigkeit die kleinsten Ausrundungshalbmesser H zu entnehmen, wobei die Talfahrt natürlich den größeren Wert des Bremsweges ergibt, also den größeren Wert für H.

Bei aufeinander folgenden Steigungen (s. RAL) oder Gefällen $p_1\%$ und $p_2\%$ sind

2*

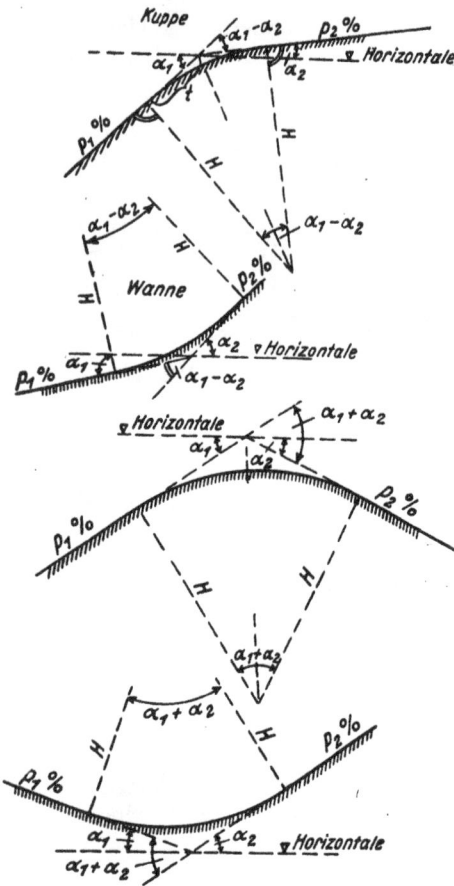

Abb. 6. Ausrundung der Gefällswechsel.

$$\frac{p_1}{100} = \operatorname{tg}\alpha_1 \text{ und } \frac{p_2}{100} = \operatorname{tg}\alpha_2 \text{ und}$$

$$t = H \cdot \operatorname{tg}\frac{\alpha_1 - \alpha_2}{2};$$

da die Winkel klein sind, wird die Tangente der Ausrundung angenähert:

$$t = \frac{H}{2} \cdot \left(\frac{p_1}{100} - \frac{p_2}{100}\right) \quad \cdots \cdots 1$$

Bei aufeinander folgender Steigung und Gefäll wird

$$t = \frac{H}{2} \cdot \left(\frac{p_1}{100} + \frac{p_2}{100}\right) \quad \cdots \cdots 2$$

Die Senkung der Straßenkrone am Brechpunkt ist angenähert:

$$y_0 = \frac{t^2}{2H} \quad \cdots \cdots 3$$

Wannen. Die Ausrundung der Wannen, d. h. der nach abwärts gerichteten Neigungswechsel, erfolgt zur Schonung von Fahrzeug und Straße mit einem Halbmesser von H gleich mindestens 1000 m. Die Berechnung von t geschieht bei folgenden Steigungen oder Gefällen nach Gl. 1, bei Wechsel von Gefäll und Steigung nach 2, die Berechnung von y_0 nach 3.

Übung. Eine Straße A–B steigt von A (km 2 + 250 und Str.Kr. 120,25) mit 5% bis zu einem Punkte C und fällt von C mit 1% bis B (km 2 + 520 und Str.Kr. 122,40). Zu berechnen ist Ort und Höhe von C.

A–B = 2520 m – 2250 m = 270 m; AC = x; CB = 270 – x.

Höhe von C: $120{,}25 + \dfrac{5}{100} \cdot x = 122{,}40 + \dfrac{1}{100}(270 - x)$.

$$x = 80{,}83 \text{ m} = AC, \text{ also km } 2 + 330{,}83,$$

Höhe von C: $120{,}25 + \dfrac{5}{100} \cdot 80{,}83 = 124{,}29$.

Berechne hiezu für eine Ausrundung mit H = 4000 m die Tangenten und die gesenkte Höhe von C.

Steigen. Im Bergland wird bei der Trassierung die Leitlinie manchmal die Richtung im spitzen Winkel ändern müssen, wodurch Kehren (Spitzkehren) oder Wendeplatten nötig werden.

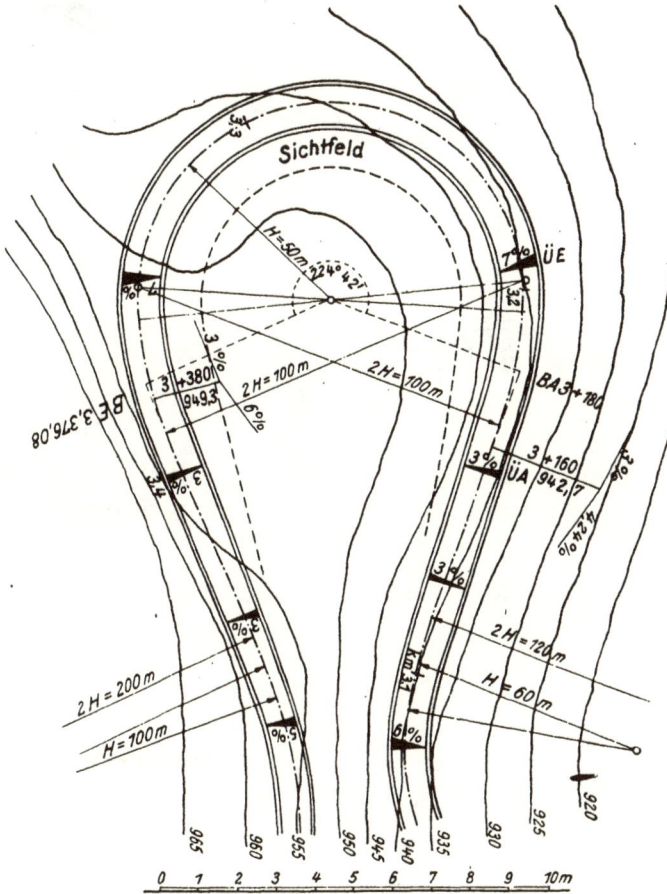

Abb. 7. Kehre an einer Bergstraße. Lageplan.

Kehre. Die Kehren einer solchen Steige werden möglichst an eine flachere Stelle des Hangs gelegt (größere Abstände der Höhenlinien), um an Erdarbeiten und Stützmauern zu sparen. Die Spitze der Leitlinie wählt man etwa als Mittelpunkt des Kreisbogens der Wendeplatte. Dadurch wird die Straßenachse etwas länger als die Leitlinie. Die Steigung ist in der engen Kurve soweit möglich zu ermäßigen. Beiderseits der Kehre nähert sich die Straßenachse wieder möglichst der Leitlinie.

Übung. Trassiere im Plan 1 : 1000 eines Berghangs zwischen einem Punkt A im Tal und einem hochgelegenen Punkt B eine Steige mit 6% Steigung und 7,5 m Straßenbreite, wobei die Leitlinie zweckmäßig mit etwas geringerer Steigung gezeichnet wird. Konstruiere die Kehren an den Wendepunkten der Leitlinie ähnlich wie in Übung 4. Zeichne hiezu den Längsschnitt mit 10facher Überhöhung. Der Straßenquerschnitt sei zunächst unberücksichtigt.

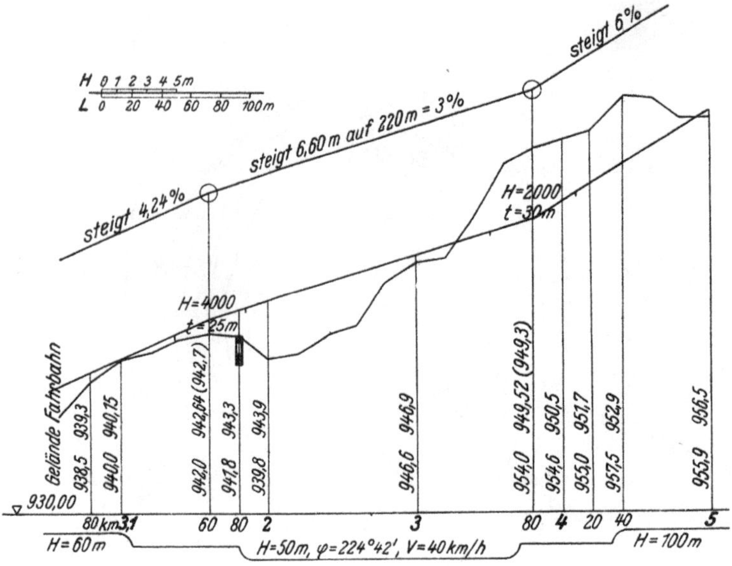

Abb. 8. Kehre an einer Bergstraße. Längenschnitt.

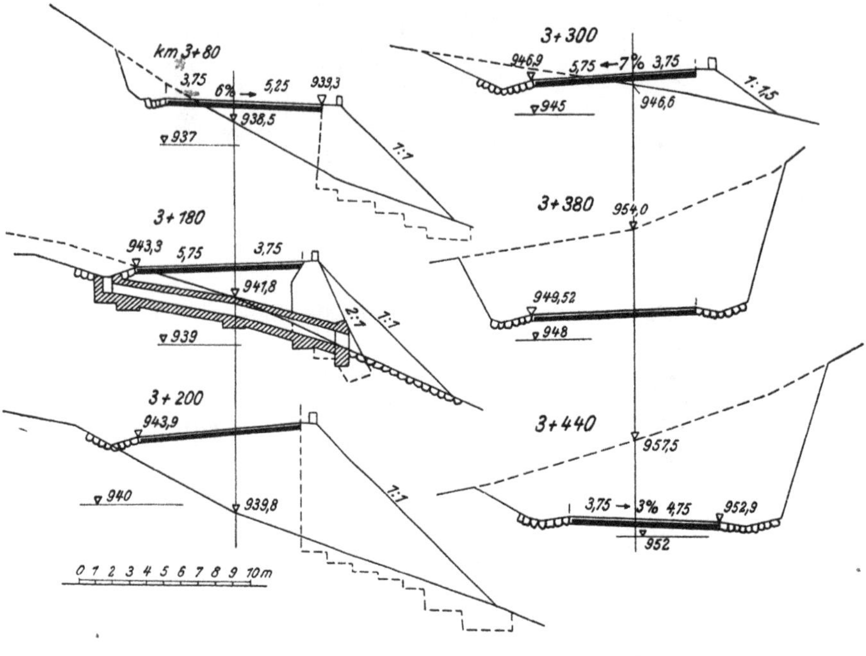

Abb. 9. Kehre an einer Bergstraße. Querschnitte.

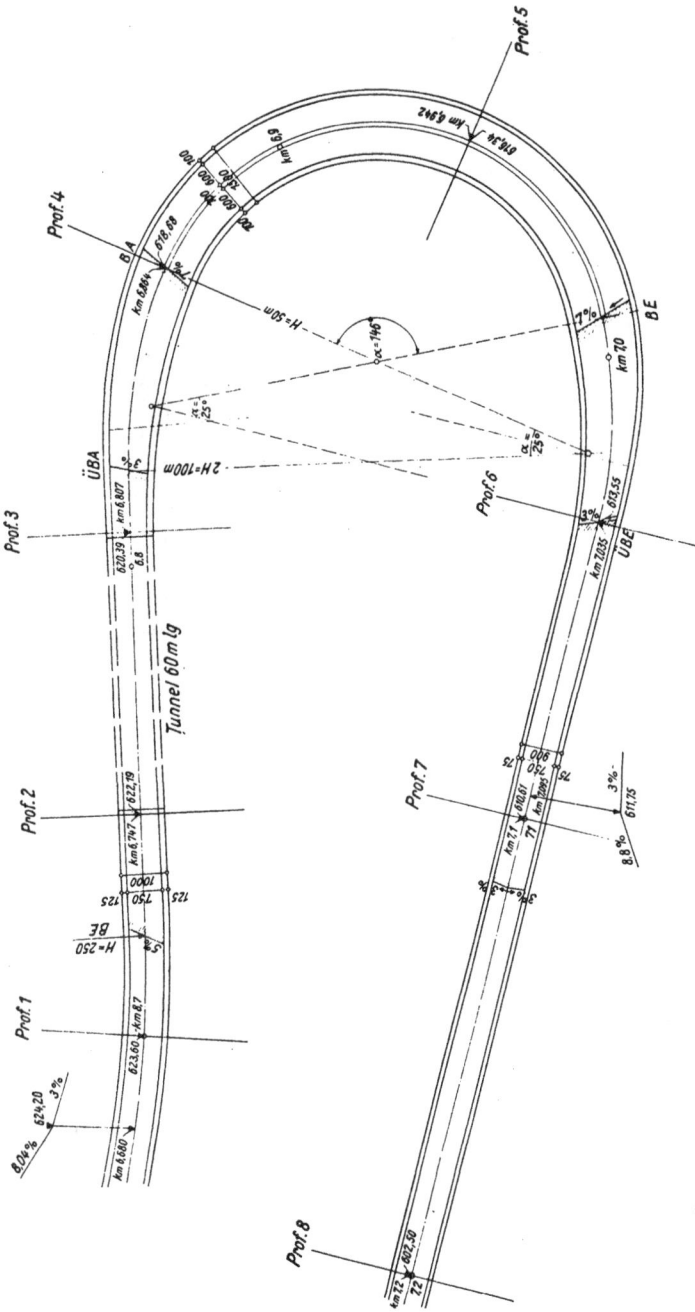

Abb. 10. Vorstudie zu einer Kehre an einer Alpenstraße. Geteilte Fahrbahn.

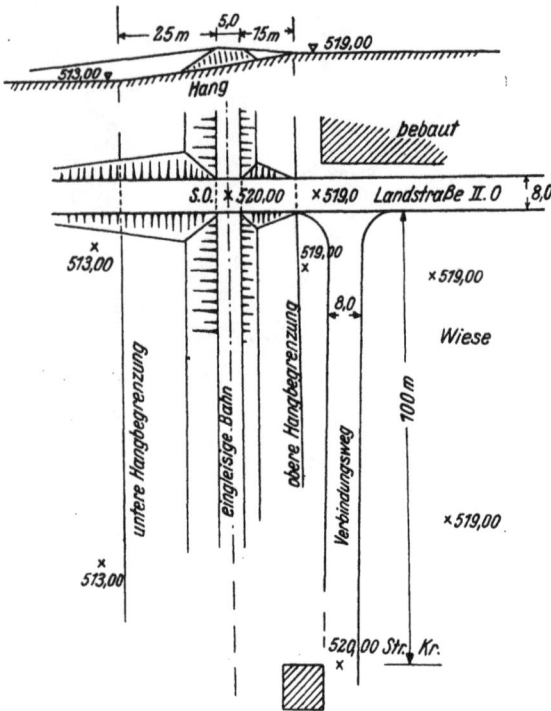

Abb. 11. Zeichnung zur vorstehenden Übung.

Übung (hiezu Zeichnung). Eine eingleisige Bahn an einem Hang zwischen zwei waagrechten Terrassen wird nahe einer Station von einer Landstraße II. O. in Schienenhöhe gekreuzt. Die Straße soll jetzt an gleicher Stelle mit 6,0 m Bauhöhe (von Schienenoberkante 520,00 bis Straßenkrone 514,00 in Bahnachse) unterführt werden.

Der Verbindungsweg zur Station soll soweit möglich für den Kraftverkehr ausgebaut werden (größere Halbmesser, Überhöhung, Sicht).

Zu zeichnen ist Lageplan 1 : 500 mit Angabe der Überhöhungen, Böschungen und Gräben; Höhenpläne der Straße und des Verbindungsweges und die wichtigsten Querschnitte.

IV. Darstellung von Lageplan, Längsschnitt und Querschnitt.

Für die Darstellung gelten die Richtlinien für einheitliche Entwurfsgestaltung im Landstraßenbau (REE).

1. Lageplan.

Die Übergangsbögen werden im Lageplan im allgemeinen nicht gezeichnet, sondern nur die Hauptbögen mit den Halbmessern am Bogenanfang und Bogenende. Bei kleinen Maßstäben (1 : 2000, 1 : 2500, 1 : 5000) wird nur die Straßenachse dargestellt, bei großen Maßstäben auch die Straßenbreite und Böschungsfuß, wozu dann Querschnitte nötig werden.

Immer sind Maßstab, Nordrichtung und Streckenaufteilung (Kilometrierung) anzugeben, ferner Einmündung von Seitenwegen, Bahn- und Gewässerkreuzungen. Bei großen Maßstäben noch Seitengräben, Querdurchlässe u. a.

Zur Kennzeichnung der Deckenart und der Böschungen sind farbige Tönungen vorgesehen, z. B. Dammböschung grün, Einschnittböschung braun.

2. Längsschnitt.

Der Maßstab des Längsschnitts ist zweckmäßig der Maßstab des Lageplans. Die Höhen sind 10fach zu überhöhen, z. B. $\dfrac{\text{Höhen: } 1:200}{\text{Längen: } 1:2000.}$ Ein kräftiger Strich stellt die Ausgangshöhe über Pegelnull dar, z. B. NN + 20, und wird wie der Lageplan von links nach rechts mit den km- und 100 m-Zahlen bezeichnet. Darüber werden die Geländehöhen im Achsschnitt und die Höhen der Straßenoberfläche im Schnitt durch die Bezugslinie aufgetragen und bezeichnet, Gelände und bestehende Anlagen schwarz, Neuanlagen rot.

Die Neigungsbrechpunkte, die Neigungsverhältnisse in %, und die Ausrundungen werden angegeben. An geeigneter Stelle, z. B. unter dem NN-Strich, werden in einem Kurvenband, das die Straßenachse des Lageplans sinnbildhaft wiedergibt, die wichtigsten Maße der Hauptbögen und Übergangsbögen angegeben.

Durchlässe und Brücken im Achsenschnitt mit Lichtweite und Lichthöhe, Wegkreuzungen und der Längsschnitt der Seitengräben ergänzen den Höhenplan. In besonderen Fällen, z. B. bei der Reichsautobahn (RAB), werden noch Bewuchs, geologische Form, Bodenart u. a. verzeichnet.

3. Der Straßenquerschnitt.

S. RAL und REE. Querschnitte senkrecht zur Straßenachse werden an den charakteristischen Geländepunkten, mindestens alle 50 m, aufgenommen und im Maßstab 1 : 100 oder 1 : 200 aufgetragen. Für Vorentwürfe und zur vorläufigen Massenermittlung können die Naturaufnahmen durch Konstruktion der wichtigeren Querprofile aus einem Schichtenplan ersetzt werden.

In den Geländeschnitt wird der Querschnitt durch den Erdkörper – Abtrag oder Auftrag – mit den Böschungen und der Straßenkrone und etwa nötigen Gräben und Durchlässe eingezeichnet.

Die Ausführungsart der Straßenbefestigung, Bettungskoffer und Straßendecke, wird ebenfalls im Querschnitt angedeutet.

Ein im größeren Maßstab gezeichneter Querschnitt, der Regelplan, gibt die Straßenbefestigung und sonstige Einzelheiten mit den Maßen wieder.

4. Böschungen.

S. RAL. Die Böschungen von Einschnitt und Damm sollen möglichst naturverbunden, also der Landschaft angepaßt sein. Der Böschungsrand soll daher im allgemeinen in das Gelände verlaufen, während der Kronenrand scharf betont wird. Flache Böschungen bis 1 : 5 sind vorzuziehen, wo die erhöhten Kosten durch die landwirtschaftliche Nutzung aufgewogen werden. Im allgemeinen richtet sich die Böschungsneigung bei den verschiedenen Bodenarten nach ihrer Standfestigkeit gegen die Einflüsse des Klimas, besonders des Regenwassers und der Bodennässe. Als Regel sehen die TVE die Neigung der Böschung 1 : 2 vor.

A. in Einschnitten. Felseinschnitte können steil geböscht werden, sogar senkrecht sein, wenn der Fels wetterbeständig ist und die Schichtung günstig verläuft. Erdböschungen werden 1 : 1¼, 1 : 1½ und flacher geböscht. Im unsicheren Boden und an Gewässern sind flache Böschungen, mindestens 1 : 2 zweckmäßig.

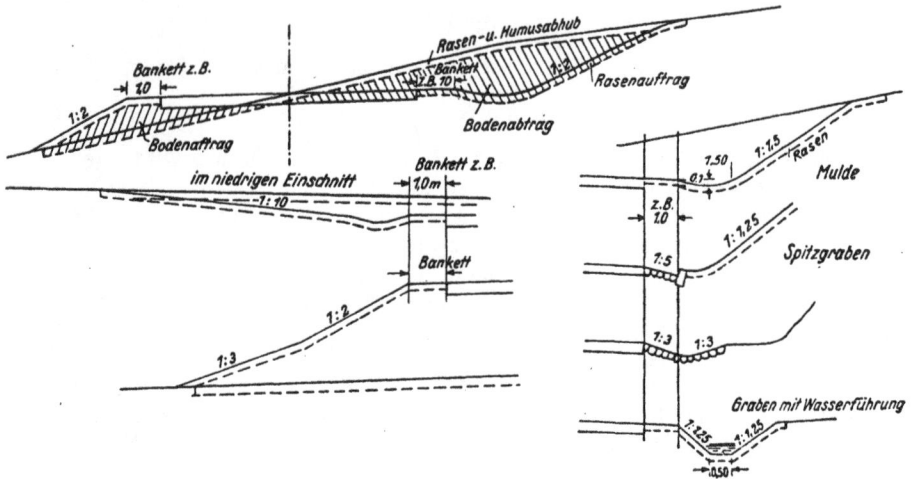

Abb. 12. Böschungen und Grabenquerschnitte.

B. an Dämmen. Dammböschungen in Kies, Sand oder gemischtem Boden werden nicht steiler als 1 : 1½ ausgeführt. Bindige Böden, also tonige, wasserbindende Erdarten, können eine flachere Böschung nötig machen. Schüttungen aus gesunden Steinen können steiler, etwa 1 : 1 ausgeführt werden, Packungen noch steiler bis 2 : 1.

Stützmauern und Futtermauern. An steilen Hängen müssen die Dämme und auch die bergseitigen Erdmassen der Einschnitte zuweilen durch Stützmauern gehalten werden. Sie werden statisch berechnet oder nach einem Regelplan aus Bruchsteinmauerwerk in Zementmörtel oder aus Beton oder als Trockenmauern ausgeführt.

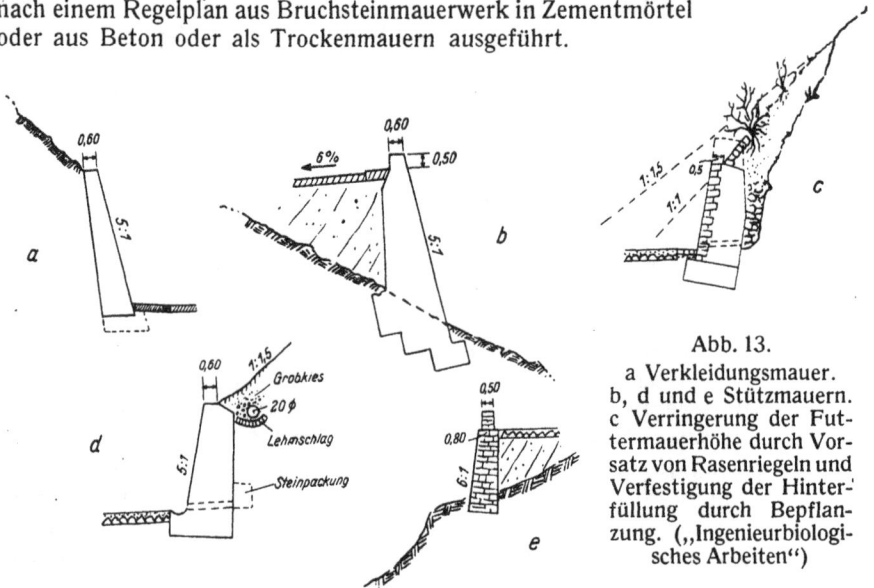

Abb. 13.
a Verkleidungsmauer.
b, d und e Stützmauern.
c Verringerung der Futtermauerhöhe durch Vorsatz von Rasenriegeln und Verfestigung der Hinterfüllung durch Bepflanzung. („Ingenieurbiologisches Arbeiten")

Verkleidungsmauern schützen wetterunbeständige, aber sonst standfeste Einschnitte gegen Verwitterung und können schwächer gehalten werden.

5. Gräben.

Auf der Bergseite von Dämmen und Einschnitten wird an Hängen ein Fanggraben nötig, der das Regenwasser vom Erdkörper fernhält. Auch bei geringer Neigung des Geländes gegen den Damm kann eine Entwässerung erforderlich sein.

Zwischen der Straßenkrone und den Böschungen eines Einschnittes werden beiderseits oder – bei einseitiger Straßenneigung – auch nur auf einer Seite Gräben eingeschaltet, soweit es für den Abfluß des Tages- oder Bodenwassers erforderlich ist. Sie werden als Mulden oder als Spitzgräben ausgebildet, wo der Wasserzulauf gering ist und erhalten Trapezform, wo mit größeren Wassermengen zu rechnen ist.

Der Verlauf der Grabensohle bis zum Vorfluter, in den der Graben einmündet, z. B. Quergraben mit Durchlaß, ist im Längsschnitt anzugeben.

Statt eines Grabens oder unter demselben wird oft eine unterirdische Drainierung mit Einsteigschächten erforderlich, die ebenfalls im Längsschnitt anzugeben ist.

Neben Lageplan und Längenschnitt ist auch der Querschnitt der Straße bei der Trassierung zu beachten. Besonders im Gebirge an Hängen und in Kehren kann er den Ausschlag für die Linienführung geben.

Übung. Zeichne zur vorigen Übung die erforderlichen Querschnitte aus Lageplan und Längsschnitt und trage dann Böschungsrand, Gräben und Rohrdurchlässe in den Lageplan ein, Gräben und Durchlässe auch in den Längenschnitt.

Entwurfsunterlagen. Zu den Unterlagen für die Planung eines Straßenbaus gehören außer den Entwurfsplänen, Lageplan, Längenschnitt, Querschnitten und Plänen der größeren Bauwerke noch Erläuterungsbericht, Kostenübersicht und Finanzierungsplan. Siehe REE.

Die Kostenübersicht umfaßt in der Hauptsache die voraussichtlichen Kosten für Grunderwerb, Erdarbeiten, Stützmauern, Fahrbahn, Durchlässe und Nebenanlagen.

Die Kostenermittlung gründet sich auf die Entwurfspläne, aus denen die Bodenflächen für den Grunderwerb und besonders auch die zu bewegenden Erdmassen und die einzuebnenden Oberflächen (Planumsflächen) und Böschungsflächen für die Kosten der Erdarbeiten zu berechnen sind. Rasen- und Humusabhub und -auftrag ist besonders aus den Querschnitten zu ermitteln.

V. Erdmassenberechnung und Massenverteilung.

Die Berechnung der Erdmassen erfolgt meist nach dem Abtrag, nach den Dämmen nur, wenn die Ermittlung der Einschnittkörper z. B. wegen ihrer Unregelmäßigkeit besonders schwierig ist. Die übliche Rechnung zerlegt die Einschnitte durch Querschnitte senkrecht zur Straßenachse in Erdkörper, deren Seitenkanten geradlinig angenommen werden, also Prismatoide darstellen.

Diese Erdkörper werden jedoch angenähert berechnet nach der Formel

$$J = \frac{f_1 + f_2}{2} \cdot 1,$$ wo f_1 und f_2 die Inhalte zweier benachbarten Querschnitte und l ihr Abstand, in der Achse gemessen, ist.

Auf die Gahnsche Arbeitsmethode aus dem Schichtenplan, ohne besonders aufgenommene Querprofile sei hier hingewiesen. Sie schneidet die Erdkörper nicht in durch die Querprofile senkrecht begrenzte Prismatoide, sondern in waagrechte Schichten, deren Endflächen durch Planimetrierung aus dem Lageplan zu ermitteln sind. Die Querschnitte werden sich jedoch für die Ausführung der Erdarbeiten doch nicht entbehren lassen; sie sind auch genauer als der Schichtenplan.*)

Die Erdmassenverteilung gibt an, an welche Stellen und auf welche Entfernung die gewonnenen Massen befördert werden.

Die Erdmassenberechnung muß daher nicht nur die Einschnittmassen enthalten, sondern auch die von den Dämmen aufgenommenen Mengen. Schon die Linienführung hat auf einen Ausgleich der Abtrags- und Auftragsmassen in der Massenverteilung Rücksicht zu nehmen. Dabei können meistens Einschnitt- und Damminhalte einander gleichgesetzt werden, obwohl 1 cbm durch den Abbau gelockerter Abtrag im Damm auch nach dem Setzen noch etwa 1,05 cbm und mehr ergeben kann. Aber einmal geht bei der Bauausführung meist Boden verloren und außerdem wird heute der Boden in der Regel weitgehend durch Walzen oder Stampfen verdichtet. Nur bei Mutterboden und Kompost wird die Auflockerung berücksichtigt.

1. Berechnung der Querprofile.

Durch Zerlegung in Dreiecke und Trapeze oder

Zerlegen in gleich breite, senkrechte Streifen und Addition ihrer Längen mit dem Zirkel, oder

Abzählen der Quadrate in den auf quadriertem Papier gezeichneten Querschnitten, in der Regel aber

Umfahren mit dem Planimeter.

Überschlägliche Ermittlung der Querschnittinhalte aus dem Längenschnitt allein. Bei einem quer zur Straßenachse annähernd waagrechten Gelände ist der Inhalt

des Dammquerschnittes rd. $F = B \cdot h + m \cdot h^2$,

des Einschnittes $F = B_1 \cdot t + m \cdot t^2 + f$,

wobei B und B_1 die Breiten der Dammkrone bzw. Einschnittsohle, h die Dammhöhe, t die Einschnittiefe, m das Neigungsverhältnis der Böschung und f der Inhalt der Einschnittgräben ist. Man rechne die Flächen F für h bzw. t

---

*) In einen Lageplan mit Höhenschichtlinien werden auch für den Erdkörper – Damm oder Einschnitt – die gleichen Höhenlinien einkonstruiert, wobei man von der Höhenlage der Straßenränder ausgeht. Der Schnitt der Schichtlinien des Erdkörpers mit denen des Geländes gibt die Geländeverschneidungen, also Dammfuß bzw. Einschnittoberkante. Das Verfahren kann besonders für Vorstudien in schwierigem Gelände, das photogrammetrisch aufgenommen ist, und wo die Aufnahme von Querprofilen erschwert ist, die Anpassung an die Landschaft erleichtern. („Die Straße" 1941, Heft 1/2.)

gleich 1, 2, 3 m etc., und trage die Diagramme der Dammflächen und Einschnitt-querschnitte auf. Daraus sind die Querschnittinhalte für die Dammhöhen und Einschnittiefen des Längenschnitts zu entnehmen.

Genauer werden die Flächen F durch Zeichnung der Querschnitte mit Querneigung, vorgesehenen Böschungen und seitlichen Erdbanketten für h bzw. t gleich 1, 2, 3 m etc. und Planimetrierung ermittelt.

Eine stärkere Geländeneigung wird berücksichtigt durch solche Schaubilder für verschiedene Querneigung von 10, 20, 30 % etc. auf Grund von Zeichnung und Planimetrierung.

2. Berechnung der Erdmassen

nach $J = \dfrac{f_1 + f_2}{2} \cdot l$, wo l der Abstand der Querschnitte f_1 und f_2 ist. Am Übergang vom Einschnitt zum Damm ist f_1 bzw. f_2 meist gleich Null. Der Ort dieses Übergangs ist für Vorberechnungen aus dem Längenschnitt herauszumessen, für die Abrechnung dagegen in der Natur aufzunehmen. An Hängen (Ausschnitten) gehen Damm und Einschnitt ohne scharfe Grenze ineinander über.

Bei sehr breiten Querschnitten kann es nötig werden, für den Übergang eine „Auskeilung" mittels der Darstellenden Geometrie zu zeichnen und die Erdmassen stereometrisch genauer zu rechnen.

Die Massenberechnung erfolgt zusammen mit der Massenverteilung in Tabellen. Die Ergebnisse, Abtrag- und Auftragmassen und die Transportweiten von Abtragsschwerpunkt zu Auftragsschwerpunkt können in einem Längsprofil z. B. i. M. 1 : 10000 eingezeichnet werden, das damit einen Anhalt für die Bauausführung bietet. Jene Massen, die innerhalb des gleichen Querschnitts verbaut werden können, sind von der Massenverteilung auszunehmen und gesondert zu rechnen. Massen aus Seitenentnahmen und Ablagerungen überschüssigen oder unbrauchbaren Bodens sind als solche zu verzeichnen.

3. Massenplan.

Zunächst werden die Massen in Tabellen berechnet. Dann wird abgezogen, was im Profil verbaut wird; der verbleibende Abtrag wird, von Null ausgehend, negativ, der Auftrag positiv gerechnet und zu den vorausgehenden Massen gezählt unter Beachtung des Vorzeichens. Die erhaltenen „Massenkoten" werden von einem beliebigen Nullpunkt aus mit den Abständen des Längenprofils aufgetragen, Abträge nach abwärts, Aufträge nach aufwärts und die Endpunkte verbunden.

Jede durch die erhaltene Massenlinie gezogene Waagrechte (Massengleiche) gibt theoretisch eine Möglichkeit des Massenausgleichs an. Sie zeigt auch an, wieviel Massen auszusetzen sind oder aus Entnahmen gewonnen werden müssen.

Die beste Massengleiche – oder mehrere Teilgleichen – ist jedoch jene, welche berücksichtigt:

Berg- oder Taltransport,

die Ausscheidung ungeeigneter Massen (Moor, Torf, nasser Ton etc.),

die Ausscheidung sonst verwertbarer Massen (Mutterboden, Betonkies, Stein),

die getrennte Verwertung frostsicheren und bindigen Bodens,

besondere Gründe z. B. Baubeschleunigung, Brückenbauten etc., die Kosten.

Die Transportweiten sind als Abstände der Schwerpunkte der Abtrags- und Auftragslinien aus dem Massenplan abzulesen, Förderhöhen zu berücksichtigen.

Beispiel. **Massenberechnung und -Verteilung.**

Station	Abstand m	Abtrag			Auftrag			Verteilung	
		Fläche m²	Mittel m²	Masse m³	Fläche m²	Mittel m²	Masse m³	im Profil verb. m³	Massenkote
0,00	—	5,85	—	—	—	—	—	—	±0
—	50	—	44,55	2227,50	—	—	—	—	—
+ 50,0	—	83,25	—	—	—	—	—	—	— 2227,50
—	50	—	84,11	4205,50	—	—	—	—	—
+ 100,00	—	84,97	—	—	—	—	—	—	— 6433,00
—	50	—	94,81	4740,5	—	—	—	—	—
+ 150,0	—	104,65	—	—	—	—	—	—	— 11 173,50
—	50	—	60,62	3031,00	—	4,2	210,00	210,0	—
+ 200,0	—	16,6	—	—	8,4	—	—	—	— 13 994,50
—	50	—	8,3	415,0	—	142,95	7147,50	415,0	—
+ 250,0	—	—	—	—	277,50	—	—	—	— 7262,0
—	50	—	—	—	—	232,95	11 647,5	—	—
+ 300,0	—	—	—	—	188,0	—	—	—	+ 4385,50
—	50	—	21,0	1050,0	—	94,2	4710,0	1050,0	—
+ 350,0	—	42,0	—	—	—	—	—	—	+ 8045,50
—	50	—	85,72	4286,0	—	—	—	—	—
+ 400,0	—	129,45	—	—	—	—	—	—	+ 3759,50
—	50	—	142,22	7111,0	—	—	—	—	—
+ 450,0	—	155,0	—	—	—	—	—	—	— 3351,50
—	50	—	99,42	4971,0	—	—	—	—	—
+ 500,0	—	43,85	—	—	—	—	—	—	— 8322,50
—	50	—	21,92	1096,0	—	79,6	3880,0	1096,0	—
+ 550,0	—	—	—	—	159,2	—	—	—	— 5538,50
—	50	—	—	—	—	119,0	5950,0	—	—
+ 600,0	—	—	—	—	78,9	—	—	—	+ 411,50
—	50	—	—	—	—	103,15	5157,50	—	—
+ 650,0	—	—	—	—	127,4	—	—	—	+ 5569,0
—	50	—	—	—	—	96,3	4815,0	—	—
+ 700,0	—	—	—	—	65,2	—	—	—	+ 10 384,0

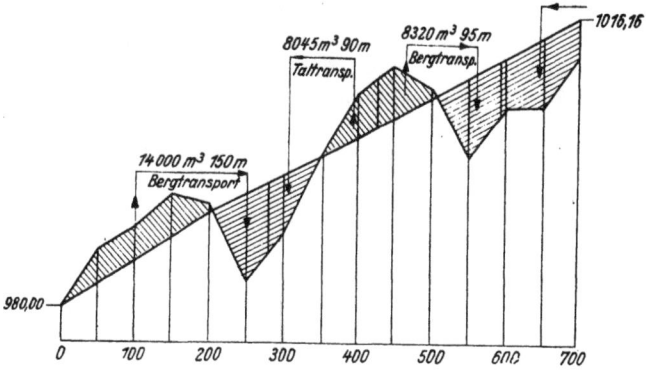

Massenverteilung nach dem Längenprofil

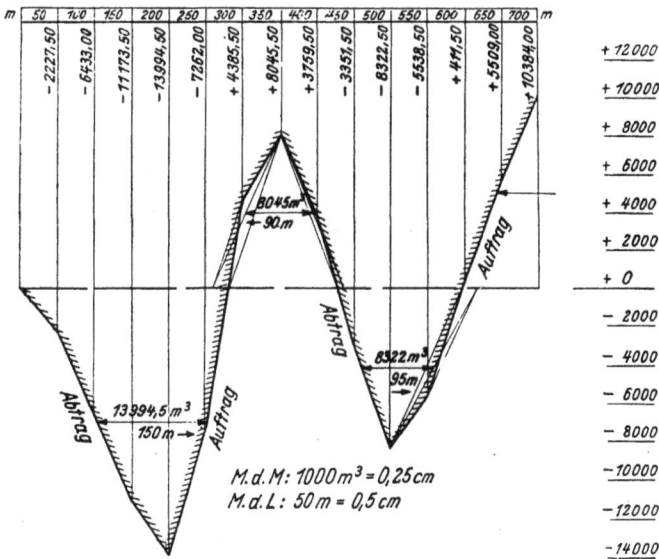

Abb. 14. Massenplan.

Übung. Berechne zur vorigen Übung die Querschnitte und Massen und stelle die Massenverteilung fest.

VI. Ausführung der Erdarbeiten. TVE.

Hiefür sind die „technischen Vorschriften für die Ausführung von Erdarbeiten im Straßenbau" (TVE) Vertragsunterlage. Daneben gelten die in der Verdingungsordnung für Bauarbeiten (VOB) enthaltenen technischen Vorschriften, soweit sie den Verträgen zugrunde gelegt werden.

TVE. Auszug. Die TVE behandeln Bodenuntersuchungen, die aus Aufschlüssen, wie Kiesgruben, Flußufern, Brunnen, ferner durch Schürfgruben, und, wo diese nicht tief genug führen, durch Bohrungen gewonnen werden. Der Stand des Grundwassers ist festzustellen. Durch die Bodenuntersuchung werden die Bodenarten, ihre Tragfähigkeit, der geologische Aufbau, besonders auch etwaige Gleitschichten ermittelt. DIN 4022 „Einheitliche Benennung der Bodenarten etc."

Die TVE unterscheiden die Bodenklassen: Mutterboden mit Grasnarbe und Kompost, der besonders gepflegt und erhalten werden muß.

Nicht bindigen (losen) Boden, besonders brauchbar für alle Erdbauten. Sand und Kies auch mit geringen tonigen Beimengungen. Beide sind frostsicher, wenn der Anteil feinster Bestandteile nicht über ein gewisses Maß hinausgeht (Kapillarität).

Bindiger Boden, Lehm, Ton, Löß, zum Teil auch Mergel und tonige Sande und Kiese. Löß ist feinster Quarzstaub mit Kalk verkittet, durch Steppenwind abgelagert, während die andern Böden Eiszeitablagerungen sind. Sie lassen vorhandenes Bodenwasser kapillar hochsteigen und sind daher im Frostbereich Auftreibungen unterworfen, die die Straßendecke gefährden können. Sie halten Wasser lange fest und geben es unter Druck nur langsam ab, können also nach längerer Zeit noch Setzungen und Rutschungen verursachen.

Fels wird in leichten Fels, der im allgemeinen ohne Bohr- und Schießarbeit zu lösen ist, und in schwerer oder Sprengfels unterschieden.

Wasserreicher Boden (Moor, Fliessand, nasser Torf) ist im Straßenbau nicht verwendbar, kann aber zur Verbesserung unfruchtbarer Böden in der Landwirtschaft dienen.

Vermessungsarbeiten. Die Achsabsteckung und die Höhenfixpunkte sind während des Baus zu erhalten oder durch herausgesetzte Festpunkte zu ersetzen. Zur Schüttung der Dämme dienen Lehren am Dammfuß der Querschnitte.

Freimachen des Baufeldes. Roden und Mutterbodenarbeiten sind unter möglichster Erhaltung des Landschaftsbildes durch gärtnerisch geschulte Kräfte auszuführen. Verunkrautung des Baufeldes zu verhindern.

Gewinnung des Bodens. Der Boden, besonders bindiges Schüttgut, soll möglichst trocken gewonnen werden. Daher ist seitliche Entwässerung der Damm- und Einschnittoberflächen nach Seitengräben schon während des Baus erforderlich. In Einschnitten müssen einzelne Felsstücke bis 0,50 m unter Planum entfernt werden, damit das Planum von gleichmäßiger Festigkeit ist. Die Füllung der Löcher ist zu verdichten.

Förderung. Geschieht nach einem überschläglichen Massenverteilungsplan.

Einbau. Rodungslöcher im Dammauflager verfüllen und abstampfen. Nach innen geneigte Abtreppungen (80 cm) an stark geneigten Hängen (stärker als 1 : 3) und bei Neuschüttungen an vorhandene Dämme, ferner beim Übergang vom Damm zum Einschnitt erforderlich.

Auf den jeweiligen Einschnitt- und Dammsohlen darf auch während des Baues kein Wasser stehen (Seitengefäll und Seitengräben). Ebenso bei Seitenentnahmen und Ablagerungen.

Alle Bodenarten in Lagen einbauen, stark zusammendrückbare unten. Wechselnde Lagen von Kies oder Sand und bindigem Boden, besonders bei sehr weichem, bindigem Boden.

Schütthöhe für bindigen Boden bis 0,75 m, losen Boden und Fels bis 1,0 m, im unteren Teil langer, hoher Dämme (über 10 m) bis 1,5 m, bei Bauwerkshinterfüllungen bis 0,25 m.

Die oberste Dammschicht soll möglichst frostsicher sein (Sand, Kies). Keine groben Körper.

Die einzelnen Schichten sind von der Dammschulter gegen die Mitte hin zu verdichten (Quergefälle). Sackmaß ist daher im allgemeinen nicht zu berücksichtigen. Bei langen Dämmen aus guten Böden kann die Verdichtung auf die oberen Schichten beschränkt werden.

Dammschultern und schmale Anschüttungen zur Verbreiterung einer Straße sind mit halber Höhe zu schütten und mit leichtem Stampfgerät zu verdichten.

Kein Eis noch Schnee in der Schüttung. Gefrorene bindige Massen nicht verdichten noch überschütten. Aufgeweichten Boden weniger stampfen, bindigen Boden bei feuchtem Wetter besser walzen.

Die seitlichen Erdbankette sind erst nach Herstellung der Decke aufzubringen.

Die normale Einschnitt- und Dammböschung ist 1 : 2 mit Abrundung zum Gelände, aber scharfem Kronenrand.

M o o r ist im allgemeinen zu beseitigen (Aushub, Ausspülung, Absaugen, Sprengung).

A r b e i t e n m i t M u t t e r b o d e n. Vor Beginn der sonstigen Erdarbeiten mit Gärtnern als Vorarbeitern.

Der verwertbare Aufwuchs wird gepflegt und später an geeigneter Stelle eingepflanzt.

Die Rasenplatten 25/25 bis 10 cm stark geschält, bis 4 Wochen gestapelt (Wurzeln nach unten), auf Mutterboden gelagert und baldigst auf den Böschungen, Seitenstreifen und Gräben abgedeckt. Mutterboden in die Fugen eingekehrt.

Zu Kompost wird die übrige pflanzliche Bodendecke in Mieten senkrecht zur Straßenachse aufgesetzt (3 m Sohle, 0,5 m Krone, 1,25 m hoch), gepflegt und später bei der Pflanzung verwendet.

D e r M u t t e r b o d e n wird in Mieten parallel zur Straßenachse (3,0 m Sohle bei bindigem, 4,0 m bei sandigem Boden, 0,5 m Krone, 1,25 bzw. 1,5 m Höhe) unter Vermeidung aller Verdichtung gelagert, mit Rasen bedeckt, mindestens 0,25 m auf die Böschungen usw. angedeckt. Bei sehr durchlässigem Boden eine lehmige Zwischenschicht von 10 cm.

B a u m s t u b b e n unter der Fahrbahn sind zu beseitigen; in Einschnittböschungen und Hängen können sie zur Bodenbefestigung beitragen.

F e l s. Böschungs- und Planumsflächen sollen durch Sprengung nicht gelockert werden. Ausgesprengte Mulden unter dem Planum mit Magerbeton füllen. Die Gestalt der Anschnitte den Eigenschaften des Gesteins anpassen.

Eine spätere Begrünung und Bepflanzung ist vorzusehen (Mulden für Mutterboden ausbrechen).

Wechselschüttung von Fels und feinkörniger Bodenart vermeiden, sonst eine Filterschicht einbauen.

Weichen Fels mit schwerer Rammplatte verdichten.

Seitenentnahmen und Ablagerungen sind so auszuführen, daß sie in die Landschaft eingegliedert und der Landwirtschaft nutzbar bleiben (mit Mutterboden überziehen).

Frostschutzschicht erhalten im allgemeinen Einschnitte und Dämme aus bindigem Material. Sie ist zu verdichten, das Erdplanum darunter zu walzen.

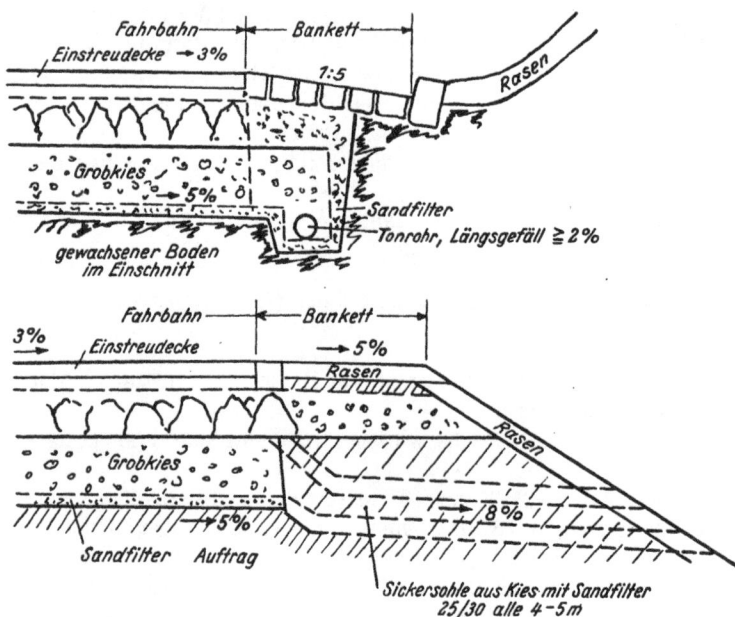

Abb. 15. Entwässerung der Frostschutzschicht.

Wenn die Schutzschicht nicht bis unter Frosttiefe reicht (1,0 m), ist sie im Einschnitt durch seitliche Drainage zu entwässern. Bei grobem Korn erhält sie eine Feinsandunterlage.

Wo die Frostschutzschicht fehlt, ist auf bindigem Boden eine Sauberkeitsschicht 5–10 cm stark aus feinem Sand einzubauen, nicht zu verdichten. In den Tiefpunkten der Gradientenmulden wird sie bis auf 60 cm (zur Entwässerung) verstärkt.

Hinterfüllung von Bauwerken in der Regel mit nicht bindigem Boden in 25 cm starken Lagen, verdichtet. Ebenso Böschungskegel. Bindiger Hinterfüllungsboden ist durch einen Frostschutzkeil zu sichern.

Böschungsbau. Baldige Berasung der fertigen Böschungen. Lose, feinkörnige Böden (Löß, feiner Sand), die von Wind und Wasser besonders angegriffen werden, vorläufig mit Reisig etc. decken.

Flechtzäune möglichst aus ausschlagfähigem Material in schrägen Streifen.

Steinpackungen aus Steinen über 0,01 cbm im Verband, die Lagerfugen senkrecht zur Vorderfläche.

Trockenmauern aus unbearbeiteten, lagerhaften Steinen.

Steinvorwürfe, gegen Wasserangriffe geschüttet.

Entwässerung. Vorflut aufrechterhalten. Drainagen und Sickerungen mit Filter umgeben.

Abrechnung. Aufmaß meist im Abtrag nach den Querprofilen. Mutterboden und Kompost nach den Mieten und der Inhalt vom Abtrag abgezogen unter Berücksichtigung der Auflockerung. Die Nullpunkte der Abträge werden örtlich ermittelt. Die Dammverdichtung nach cbm oder qm.

VII. Arbeitstechnik des Erdbaus.

Für die Ausführung der Erdarbeiten durch den Unternehmer sind außer den TVE von Bedeutung alle Umstände, welche die Kosten beeinflussen, wie der Umfang des Bauvorhabens und der entsprechende Geräteeinsatz, die Lösbarkeit des Bodens, die leichte oder schwere Lademöglichkeit, der Transport bergauf oder zu Tal, ob das Transportgleis lang liegen bleibt oder oft zu verschieben oder zu heben ist, leichtes oder schwieriges Entladen, Art der Kippe und des Einbaus und anderes.

Für die Leistungen seiner Belegschaft und seines Geräts stellt der Unternehmer aus den Erfahrungen aus abgerechneten Bauten Sätze auf, die er für ähnliche Bauten in seiner Preiskalkulation und in seinem Betriebsplan verwenden kann.

1. Lösen des Bodens.

Lösbarkeit des Bodens. Die Werte der folgenden Tabelle sind nur als Beispiel anzusehen, da der Zeitaufwand für die Leistung von der Leistungsfähigkeit des Arbeiters, Wassergehalt des Bodens, Wurfhöhe, Witterung u. a. abhängt.[*]

Wenn ein Mann in 8 Std. m cbm löst und auf einen danebenstehenden Muldenkipper ladet, so erfordert das Lösen und Laden von 1 cbm dieses Bodens

$$\frac{a = 8 \text{ Std.}}{m \text{ cbm}} = \text{Arbeitsstunden/cbm.}$$

[*] Durch die Reichstarifordnung, Anhang vom 2. 6. 1942 sind für Rodungs-, Rasen-, Mutterboden-, Erd- und Felsarbeiten „Bauleistungswerte" festgelegt worden, die für die Berechnung der Kosten und der Ausführungszeiten von Bedeutung sind.

1 cbm Boden lösen und laden erfordert an Arbeitsstunden etwa:

Handbetrieb	Bodenart	Werkzeug	Leistung	davon Laden
schlammiger Boden	Schlamm, Triebsand, nass. Moor	Schöpfgefäß (Bagger, Saugpumpe)	2,7 Std./cbm	0,4 bis 0,6 Std/cbm gelock. Boden
lockerer Boden . .	Mutterboden, ungeb. Sand u. Kies	Schaufel	0,8 ,,	
mittlerer Boden. .	lehmig. Sand, Lehm	Spaten, Breithacke	1,4 ,,	
fester Boden . . .	schwer. Lehm, Ton, Mergel, geb. Kies	Spitzhacke, auch Sprengen	2,6 ,,	
leichter Fels . . .	brüchiges, weiches Gestein	Spitzhacke, Brechstange, Sprengen	4,9 ,,	
schwerer Fels . .	gesundes Gestein	Sprengen	siehe „Sprengen"	

Auflockerung. Jeder Boden erfährt beim Lösen eine nach seiner Art verschiedene Auflockerung, die für den Wurf mit der Schaufel und die Bemessung der Transportgeräte von Bedeutung ist und leicht durch Versuch ermittelt wird. Nach dem Einbau setzt sich das Material wieder unter dem Einfluß der Belastung, Regen und Frost oder unter künstlicher Verdichtung bis auf einen Rest, die „bleibende" Auflockerung, die für die Massenverteilung bestimmend ist. Bei künstlicher Verdichtung kann die bleibende Auflockerung häufig Null werden, abgesehen von gesundem Fels, der fast nichts von der anfänglichen Auflockerung verliert.

Die Auflockerung kann für losen und bindigen Boden 10 bis etwa 35 % betragen, für brüchigen Fels bis etwa 40 %, für festen Fels kann die ursprüngliche und im allgemeinen bleibende Auflockerung bis etwa 60 % sein.

Die bleibende Auflockerung für die Böden ohne gesunden Fels ist ohne künstliche Verdichtung 1 bis 10 %. Das übliche Sackmaß für die nicht verdichteten Dämme der älteren Bahnen war meist 10 %.

Gewicht des Bodens. Auch das Raumgewicht der Bodenarten ist sowohl für das Lösen (Größe der Schaufeln, Stärke der Bagger) wie für den Transport (Stärke der Transportzüge) von Einfluß. Es kann angenommen werden

lehmige Erde, etwas feucht. 1,7 t/cbm
Sand trocken . . . . . . 1,5 ,,
Sand naß . . . . 1,6 ,,
Kies trocken . . . . . . 1,7 ,,
Kies grubenfeucht . . . . 1,8 ,,
Ton . . . . 1,8 bis 2,2 t/cbm
Kalkschotter . . . . . . 1,45 t/cbm
Granitschotter . . . . . 2,2 ,,

Lösen mit Maschinen. Die Maschinen zur Bodengewinnung laden auch in die Transportfahrzeuge (außer dem Pflug) und fördern teilweise den Boden selbst zur Einbaustelle. Sie sollen daher später im Zusammenhang besprochen werden.

Lösen durch Sprengen. Ein von Hand oder mit Bohrhammer hergestelltes Bohrloch wird mit Sprengstoff (und Sprengkapsel mit Zündschnur) teilweise gefüllt und mit Lehm u. a. verdämmt. Die Ladung wird durch den Leiter (Zündschnur, elektr. Leitung) entzündet.

Herstellen der Bohrlöcher, von Hand (einmännig, zweimännig) oder Maschine (Preßluft, Elektrizität, Druckwasser).

Erforderliche Bohrlochtiefe je cbm Fels. Dynamitmenge in Klammern. (Die Zahlen in der Praxis nur unter Kontrolle durch Versuche zu benützen.)

Ort	Fels leicht schießbar	Fels mittel	Fels schwer schießbar	
offene Wand . . .	0,4 m (0,2 kg)	0,7 m (0,5 kg)	0,8 m (0,8 kg)	Bohrer
große Baugrube, Tunnelausweitung	0,8 m (0,4 kg)	1,0 m (0,6 kg)	1,5 m (1,0 kg)	schärfen
enge Grube . . . Schlitz	1,5 m (0,8 kg)	2,0 m (1,2 kg)	3,0 m (2,0 kg)	0,14 bis
Stollen, flacher Graben	3,0 m (1,5 kg)	4,0 m (2,5 kg)	6,0 m (4,0 kg)	0,3 Arb.Std.

1 m Bohrloch von 3 cm ϕ herstellen erfordert

Felsart	von Hand	mit Bohrhammer	Druckluftanlage
weich . .	3 Minörstd.	0,4 Betriebsstd.	1 Bohrhammer braucht bei 5 Atü
mittel . .	6 ,,	0,5 ,,	1 cbm Luft/Min., z. B. bei 3 Bohrhäm-
hart . .	10 ,,	1,5 ,,	mern : Saugleist. 3 cbm/Min., Kraftbedarf
sehr hart	15 ,,	2 ,,	20 PS, Kühlwasser 220 l je Std. und
		(1 Mann mit einem schweren Bohrhammer)	cbm Luft/Min.

günstige Umstände vorausgesetzt. Zuschlag für den 2. m 50%, ebenso für engen Raum, schräge Löcher, Stollenarbeit.

Übung. Schätze die mindestens erforderliche Zeit zum Ausbruch einer Baugrube in Kalkstein (mittel) 6 m/3 m, 1,5 m tief, von Hand oder mit Bohrhämmern.

Sprengstoffe. Sie werden durch Schlag oder Funken plötzlich vergast. Die „treibenden" vergasen aber doch viel langsamer als die „brisanten" Sprengstoffe, eignen sich daher wenig für zerklüfteten Fels. Die Grundstoffe sind: Salpeter (Sauerstoffträger), Kohle, Ruß usw. (brennbar), Schwefel (leicht entzündlich).

Gesteinssprengstoffe

Sprengstoff	Wirkung im Vergleich mit Milit.-Munit. = 100	Eigenschaften
Sprengpulver	10—50	treibend, sehr empfindlich gegen Schlag, Flamme, Nässe, nur verdämmt zu verwenden,
Sprengsalpeter. . .	10—50	,, wie vor.
Ammonite (Donarit, Romperit) . . .	92	brisant, verliert durch feuchtes Lagern,
Chloratite	66	,, ohne Verdämmung wenig wirksam,
flüssige Luft . . .	90	,, nur verdämmt. Rußpatrone wird in 0 getränkt. Entzündung durch Sprengpatrone,
Dynamite	110	,, gefroren nicht handhaben,
Ammongelatine . .	133	,,
Sprenggelatine . .	200	,, verliert bei längerer Lagerung.

Beim Bau werden alle Sprengstoffe verdämmt und mit Sprengkapsel (Knallquecksilber) und Zündleitung gezündet.

Unfallverhütungsvorschriften beachten! Sprengkapseln besonders verwahren (diebsicher), nicht mit Sprengstoff zusammen.

Form des Sprengstoffes meist Patronen, z. B. je 100 gr, 3 cm ϕ, 13 cm lang.

Sprengkapsel. Z. B. 45 mm lang, 6 mm ϕ, zum Teil mit dem Knallsatz gefüllt. Die Zündschnur wird 15 mm eingeführt, durch Würgen fest verbunden und die Einführstelle abgedichtet.

Zündschnur. Ein gekörnter Pulversatz (Pulverseele) in Baumwollhülle, 4,8—5,5 mm ϕ, wo Schutz gegen Feuchtigkeit nötig, in Guttaperchahülle; 1 cm brennt in 1 Sekunde ab. Für militärische Zwecke Knallzündschnur mit brisantem Sprengstoff besetzt, in Verbindung mit Zeitzündschnur, an der Verbindungsstelle eine Sprengkapsel.

Elektr. Zündung. Dabei enthält die Zündkapsel außer dem Glühzündsatz (Knallsatz) einen Platindraht, der mit der Zündleitung verbunden wird und durch den Stromstoß des Glühzündapparates (Handdynamo) zum Glühen gebracht wird.

Laden. Bohrpatronen in das gesäuberte Bohrloch einbringen, die oberste Patrone mit Zündkapsel und Zündschnur, mit Ton, Lehm, feinem Sand, Gips, Zement verdämmen, mit hölzernem Stock andrücken.

Rechnerische Bestimmung der Ladegröße = Lkg. Die Wirkung der Sprengstoffe erstreckt sich etwa auf eine Kugel vom Halbmesser w, deren Mittelpunkt der Schwerpunkt der Ladung ist. Dieser Mittelpunkt sei v von der Außenfläche entfernt. Die Bohrlochlänge ist also etwas größer als v.

Kugel innerhalb des Gesteins	v > w	Das Gestein wird gelockert (Bau).
,, berührt die Außenfläche	v = w	,, ,, ,, etwas geworfen.
,, überschreitet ,,	v < w	,, ,, ,, gestreut (Krieg).

Die Beziehung zwischen der Ladung L und w lautet:

$$L_{kg} = w^3 \cdot c \cdot d \ (w \text{ in } m),$$

dabei ist c eine Festigkeitszahl des Gesteins (oder Mauerwerks) und d die Verdämmungszahl. Bei guter Verdämmung ist d = 1. Beim Bau wird v größer als w gewählt, so daß

$$w^3 \text{ etwa } \frac{v^3}{8}; \ v^3 = 8w^3, \ v = 2w.$$

Werte c	wenn w beträgt	c für Dynamit
feste Erde	1 bis 2 m	1 bis 0,7
Fels, Mauerwerk .	1 bis 2,5 m	5 bis 3
Eisenbeton	1 bis 2,5 m	10 bis 6

Beispiel. Es soll die Bohrlochtiefe für eine Ladung von 4 Patronen gleich 0,4 kg und 4 · 0,13 m = 0,52 m Länge ermittelt werden. c = 5.

$$L = w^3 \cdot c; \ 0,4 = w^3 \cdot 5; \ w = \sqrt[3]{0,08}; \ = 0,43 \text{ m}$$
$$v = 0,86 \text{ m}.$$

Die Bohrlochlänge wird 0,86 + 0,26 = 1,12 m, die Verdämmung 1,12 – 0,52 gleich 0,60 m.

Nachprüfung und Verbesserung durch Versuche ist unentbehrlich.

Versager dürfen nicht ausgegraben werden, sie sind durch daneben liegenden Schuß „abzubohren".

2. Fördern des Bodens von Hand.

Der von Hand gelockerte Boden wird mit der Schaufel auf Wagen geladen oder bis 4 m weit oder 2 m hoch geworfen. Zum Werfen von 1 cbm Boden, umgerechnet auf ungelockertes Material, sind 0,5 bis 0,6 Arbeitsstunden erforderlich.

Schaufelwurf. Bei Seitenentnahmen und bei Einebnungen kann zweimaliger Schaufelwurf wirtschaftlich sein. Bei Ausschachtung tiefer Gräben kann auch 3 bis 4facher senkrechter Wurf bei geringen Mengen dem Einsatz von Maschinen vorzuziehen sein.

Schubkarre. Transport mit Schubkarren aus Holz oder Eisen, meist auf Karrbohlen, wird bei geringen Förderweiten besonders für Querausgleich und Einebnungen verwendet, auch bei kleinen Mengen, dann bis etwa 200 m, und zur Herstellung des Unterbaues von Gleisanlagen.

Inhalt eines Karrens 60,75 oder 100 l gelockerter Boden.

Fördergeschwindigkeit 50 bis 60 m/Min. auf waagrechter Bahn. Zweckmäßig Lösen und Laden durch besondere Mannschaft, also Karrenwechsel bei jeder Fahrt. Aufenthalt an der Lade- und Kippstelle zusammen 1,5 Minuten.

Ein Förderweg von 1 m erfordert für Hin- und Rückfahrt mit Aufenthalten

$$\frac{2 \times 1\,\text{m}}{50\,\text{m/Min.}} + 1,5\,\text{Min.}$$

Bei Steigungen über 4% kann die Erschwerung der Förderung dadurch berücksichtigt werden, daß für jeden m Steigung zwischen den Schwerpunkten der Entnahme und der Aufschüttung 12 m zum Förderweg zugeschlagen werden. Grenzsteigung 8%.

Beispiel. Auf ebenem Gelände ist aus einer 0,50 m tiefen Seitenentnahme (Kies) in 1 m Abstand ein einschließlich Überhöhung 1 m hoher Damm mit 4 m Kronenbreite zu schütten. Böschungen 1 : 1,5, Länge des Dammes 100 m. Wie lange brauchen 50 Arbeiter zur Beendigung der Arbeit und wie sind sie anzustellen, wenn 1 Mann in 8 Stunden 5 cbm Kies löst und ladet? Der Inhalt der Entnahme sei wegen der Auflockerung um 10% kleiner als der Inhalt des überhöhten Dammes, also 5,0 cbm.

Es ergibt sich der Abstand der Schwerpunkte vor Entnahme und Damm zu rd. 10,0 m und der Höhenunterschied zu 0,75 m. Die Steigung ist 7,5%, also größer als 4%. Zur Bergfahrt ist also ein Zuschlag zu rechnen von 0,75 · 12 = 9 m. Gesamter Weg 10 + 19 = 29 m.

Dauer einer Fahrt $\frac{29}{50} + 1,5 = 2,1$ Min.

Zahl der Fahrten in 8 Std. $\frac{8 \cdot 60}{2,1} = 229$ Fahrten.

Tägliche Leistung eines Mannes 229 · 0,075 = 17,2 cbm gelockerter Boden.

Wenn die anfängliche Auflockerung von Kies 20% ist, so entspricht dies $\frac{17,2}{1,2} =$ 14,4 cbm festem Boden.

Die Arbeiterzahlen für Lösen und Laden und für Transport verhalten sich umgekehrt wie die täglichen Leistungen, also wie 14,4 : 5.

Für Lösen und Laden sind also $\frac{50}{5 + 14,4} \cdot 14,4 = 37$ Mann und

für Transport $\frac{50}{5 + 14,4} \cdot 5 = 13$ Mann anzusetzen.

Dauer der Arbeit $\frac{500}{37 \cdot 5} = 2,7$ Tage oder $\frac{500}{13 \cdot 14,4} = 2,7$ Tage.

Förderung mit Muldenkippern auf Feldbahngleis. Antrieb durch Arbeiter. Bei größeren Bodenmassen, im allgemeinen auf Entfernungen von 50 bis 300 m. Spurweite 0,60 m, 5 m lange Gleisrahmen auf eisernen Schwellen. Muldenkipper mit 0,5 cbm Inhalt (über die Stirnflächen gestrichen) und 300 kg Eigengewicht (mit Bremse 380) oder mit 0,75 cbm und 375 bzw. 460 kg. Bedienung 1 oder 2 Mann, bei Steigungen auch 3 Mann.

Fahrgeschwindigkeit auf waagrechtem Gleis 60 m/Min. Aufenthalt an Lade- und Kippstelle bei Wagenwechsel zusammen etwa 5 Minuten. Bei Steigungen über 1% können schätzungsweise für jeden m Steigung 80 m dem Förderweg zugeschlagen werden. (Nachprüfung an der Baustelle!) Steigung über 2% ist im Handbetrieb meist nicht zweckmäßig.

B e i s p i e l. 20000 cbm Moorboden im Trocknen zu gewinnen, 200 m weit zu befördern mit 2% Steigung und in 30 cm starken Schichten einzuebnen. Arbeitsdauer 150 Arbeitstage. 1 Mann löst und ladet in 8 Std. 10 cbm, 2 Mann am Muldenkipper; Einebnen und Gleisrücken erfordert für je 30 cbm 1 Mann. Wieviel Arbeiter sind nötig?

1. Lösen und Laden von 20000 cbm erfordern $20000 \cdot 0.8 = 16000$ Arb.Std., das sind $\dfrac{16000}{8} = 2000$ Arb.Tage, oder $\dfrac{2000}{150} = 14$ Mann.

2. Transport. Die Auflockerung sei 20% (Nachprüfen!).

$20000 \times 1.2 = 24000$ cbm gelockerter Boden.

Förderweg $2 \times 200 + 200 \cdot 0.02 \cdot 80 = 720$ m.

Förderzeit $\dfrac{720 \text{ m}}{60 \text{ m/Min.}} + 5$ Min. $= 12$ Min. $+ 5$ Min. $= 17$ Min. für eine Hin- und Rückfahrt.

Täglich $\dfrac{8 \times 60}{17} = 28$ Fahrten.

Tägliche Leistung von 2 Mann $28 \times 0.75 = 21$ cbm gelockerter Boden. In 150 Arbeitstagen $150 \times 21 = 3150$ cbm.

Erforderliche Arbeiterzahl für den Transport $2 \cdot \dfrac{24000}{3150} = $ rd. 16 Mann.

3. Einebnen und Gleisrücken

Täglich zu leisten $\dfrac{24000}{150} = 160$ cbm.

Tägliche Leistung eines Arbeiters 30 cbm loser Boden. Erforderlich $160 : 30 = 6$ Mann.

4. Im ganzen erforderlich $14 + 16 + 6 +$ Reserve $=$ rd. 40 Mann.

Gleis: rd. 200 m + Ausweichgleis 30 m + Gleisstumpf 30 m + 2 Weichen. Muldenkipper $= 16 +$ Reserve.

A n t r i e b d u r c h P f e r d e o d e r M a u l t i e r e. 60 cm Spur, die Schwellen zwischen den Schienen verfüllt. Ein Pferd hat eine Zugkraft von rd. 75 kg und wird von einem Mann (meist gehend) geführt. Geschwindigkeit 60 bis 70 m/Min. Muldenkipperinhalt 0,75 cbm und mehr.

Die Wagenzahl ergibt sich aus einer Rechnung wie beim Antrieb durch Zugmaschinen.

3. Einbau des Bodens von Hand.

Die TVE sind auch für die Arbeitsmethoden des Einbaus von Dämmen maßgebend.

Wurzelrodung, Ausstampfen der Löcher, Abhub des Mutterbodens an der Schüttungsfläche, Entwässerung, Abtreppung bei geneigtem Gelände und bei

Anschüttung an vorhandene Dämme, schichtenweiser Einbau, Anpassung auch der Ablagerungen an das Gelände sind dort vorgeschrieben.

Kippe. Die an der Einbaustelle beschäftigten Arbeiter haben die Wagen zu kippen, auszuklopfen, das Gleis frei zu machen, zu rücken bzw. zu heben und zu unterstopfen und die Schüttmassen einzuebnen. Nach Herstellung einer Lage hat das Verdichtungsgerät je nach Vorschrift zu stampfen.

Die Leistung der Kippmannschaft muß der Leistung der Gewinnungsstelle angemessen sein. Ihre Zahl richtet sich danach, ob die Wagen leicht zu entleeren sind, wie aufnahmefähig die Kippe ist, d. h. ob das Gleis oft zu verrücken und zu heben ist (niedrige oder hohe Kippe), ferner ist die Bodenart von großem Einfluß. Bindiger Boden klebt an die Wagenkästen, das Gleis liegt bei nassem Wetter schlecht. Weicher, unbrauchbarer und daher auszusetzender Boden kann bei hoher Kippe unter der eigenen Last ausgequetscht werden.

Eine geringe Steigung der Kippe bietet Schutz gegen das Ablaufen der Wagen.

Bei Gerüstkippen wird das Schüttgleis am Ende des Dammes auf einem festen oder fahrbaren Bockgerüst noch um Zuglänge verlängert, so daß eine hohe, aufnahmefähige Kippe geschaffen wird. Im Damm dürfen aber keine Hölzer bleiben.

Als Einbauleistung eines Mannes in 8 Stunden können je nach den angeführten Umständen 15 bis 50 cbm gelockerten Bodens gerechnet werden.

4. Maschinen für Gewinnung, Förderung und Einbau

Die Leistungen der Maschinen für Gewinnung und Förderung und die Leistung der Kippe müssen aufeinander eingespielt sein; maßgebend ist in der Regel das Gerät bei der Gewinnungsstelle.

Es arbeiten z. B.

Greifer mit Lastwagen oder mit handbedienten Muldenkippern passender Größe oder mit Zügen auf Gleis.

Löffelbagger mit Zügen von Muldenkippern oder Kastenkippern (Selbstentladern).

Eimerkettenbagger mit Zügen von Selbstentladern.

Die Kippe kann dabei mit Planiergerät ausgerüstet sein.

Naßbagger (Schwimmbagger) arbeiten auch mit Förderbändern zur Zwischenförderung und mit Schuten zum Transport des Baggergutes, auch mit Schüttrinnen oder in Verbindung mit Pumpen und Rohrleitungen zur Förderung von Schlamm und Moor.

Im gleislosen Betrieb kann die Planierraupe leichten Boden gewinnen, auf kleine Entfernung verfahren und einebnen, der Schürfwagen auf größere Entfernung; der Raupenwagen kann Zug und Gleis ersetzen.

Der Greifer kann an einem Dreibock mit Winde oder an einem Bagger oder Kran aufgehängt sein.

Die Bagger fahren auf schwerem Gleis oder auf Raupen, wodurch ihre Beweglichkeit erhöht wird.

Abb. 16. Schürfwagen.

Die Antriebskraft des Gewinnungsgeräts und der Fördermaschine wird durch Dampfmaschine, Verbrennungsmotor oder Elektrizität erzeugt.

Es folgen Beispiele der wichtigsten Geräte.

1. Greifbagger auf Raupen mit Dampfkraft.

Greiferinhalt	0,5 cbm	1 cbm	1,5 cbm
mit	50 PS	85 PS	95 PS

Der Greifer betätigt bei günstigen Verhältnissen 1 bis 2 Spiele/Min., d. h. Senken des geöffneten Greifers, Schließen mit dem gepackten Boden, Heben, Drehen um etwa 120⁰, Öffnen über dem Wagen und zurück zur Gewinnungsstelle.

Dabei ist die Füllung des Greifers je nach Bodenart nur 30 bis 80% des Greiferinhalts, woraus die effektive Leistung zu berechnen ist ($L_{eff.}$). Die durchschnittliche Leistung (mit Abzug der Störungen durch Reparaturen und anderes) kann zu 30 bis 80% von $L_{eff.}$ angenommen werden.

Abb. 17. Schrapper ladet Raupenwagen.

Abb. 18. Universalbagger. Hochlöffel, Tieflöffel, Greifer.

Abb. 19. Löffelbagger und Greifer in Zusammenarbeit an einem Bauzug
an einem tiefen Anschnitt.

Einsatz besonders für Baugrubenaushub und Laden von Betonkies in Bunker etc.

2. Löffelbagger, hier Universalbagger auf Raupen, Dieselmotor, 1 cbm Inhalt des Hochlöffels, 80 PS, 1 Mann Bedienung. Ausrüstung mit Hochlöffel (Hochbagger, Löffel arbeitet nach oben), Tieflöffel, Schlepplöffel, Planierlöffel, Greifer, Stampfer, Kran, Ramme. Bei günstigen Verhältnissen etwa 1–3 Spiele/Min. und bis 100% Füllung. Daraus die effektive Leistung z. B.

$L_{eff.} = 1{,}5$ Spiele $\times$ 1 cbm $\times$ 100% $\times$ 60 Min. $= 90$ cbm gelockerter Boden/Std.

Für die Bemessung der Züge ist eine besondere Höchstleistung, etwa 1,35 $\times$ $L_{eff.}$ anzunehmen, damit der Bagger nicht durch Wagenmangel aufgehalten wird. Die durchschnittliche Leistung während eines längeren Einsatzes des Baggers wird durch Reparaturen und andere Behinderungen nur bis etwa 30% von $L_{eff.}$ sein. Sie ist für die Berechnung der Betriebsstunden maßgebend, die für die ganze Baggerarbeit vorzusehen ist, also für das Bauprogramm.

Zweckmäßige Wagengröße mindestens: Muldenkipper mit $1\frac{3}{4}$ cbm Inhalt oder Kastenkipper mit 2 cbm, auf Gleis von 600 mm Spur.

Die Verwendungsmöglichkeit ist sehr vielfach, auch bei ungleichmäßigem und, mit den größeren Typen auch sehr schwerem Boden, auch in engen Schlitzen innerhalb der gegebenen Hubhöhe. Der Löffelbagger und die Zugsgleise werden möglichst so montiert, daß der Bagger (im Gegensatz zum Eimerbagger) zum Laden seinen Stand nicht zu ändern braucht, sondern die Zugmaschine den Zug an ihm vorüberfährt. Dabei wird auch der Schwenkwinkel am kleinsten. Wo das bei der Baggerung „vor Kopf" nicht möglich ist, werden die Wagen über Weichen einzeln hinter ihn gebracht.

3. Eimerkettenbagger. Sie werden seltener im Straßeneinschnitt selbst eingesetzt, da sie – abgesehen vom Grabenbagger – sehr große Mengen gleichmäßigen, leichten bis mittleren Boden voraussetzen. Andernfalls werden Antransport-, Montage- und Planierungskosten zu groß. Dagegen sind sie z. B. zur Gewinnung großer Kies- oder Sandmengen auf ebenem Gelände am Platze, wie sie zur Auf-

Abb. 20. Eimerkettenbagger.

füllung von Dämmen, für Frostschutzschichten oder zur Betonbereitung benötigt werden. Im Kanalbau werden meist Eimerbagger verwendet.

Die Förderung ist – abgesehen von Unterbrechungen durch Reparaturen und sonstige Störungen – dauernd, wobei der Bagger neben dem Leerzug vorrückt und mit dem Fortschreiten der Arbeit auch parallel dazu verschoben wird. Das schwere Baggergleis ist daher 150–400 m lang. Neuere Ausführung als Raupenbagger.

Die theoretische Leistung richtet sich nach Eimerinhalt und Geschwindigkeit der Eimerkette, z. B. bei 300 l etwa 450 cbm/Std. (gelockerter Boden). Die effektive Leistung ist je nach Boden 25–60% davon, die durchschnittliche Leistung etwa 80% von L_{eff}.

Die Wagengröße ist zweckmäßig 4 cbm und mehr. Für die Bemessung der Züge ist mit $1,35 \times L_{eff}$ zu rechnen.

Transport mit Zügen im Lokbetrieb. Gleis. Das übliche Baugleis von 600 oder 900 mm Spurweite hat Schienen von je 7–33 kg/m entsprechend dem Raddruck der Lok, Holzschwellen in rd. 0,70 m Abstand, Zungen-Weichen 1 : 6 und 1 : 7 von 9 und 12 m Länge.

Die kleinsten Bogenhalbmesser sind je nach Achsabstand der Maschine für 600 mm Gleis etwa 12 m, für 900 mm etwa 35 m. Das Gleis ist sorgfältig in Kies zu verlegen und zu stopfen. An den Ladestellen werden oft Ausweichgleise nötig, um die leeren Wagen an den Löffelbagger heranzuführen.

Wagen. Die Wagengröße richtet sich nach Baggergröße und Spurweite:
Für 600 mm Gleis Muldenkipper von 1 und 1¾ cbm, oder Kastenkipper 2 cbm
(Holz oder Eisen),
für 900 mm Muldenkipper von 2 und 4 cbm oder Kastenkipper 4 cbm (Holz) oder
5,3 cbm (Eisen).

Bei den „Selbstentladern" ist die Handarbeit gegenüber den andern Kippern noch weiter vermindert.

Ein gewisser Prozentsatz der Wagen eines Zuges muß mit Handbremsen ausgestattet sein.

Wagengewicht etwa $1/_3$ des Gewichts der Ladung.

Lok. Für den Antrieb kommt außer der Dampfkraft auch der Dieselmotor und der elektrische Strom (Oberleitung) in Betracht:

Baulokomotiven	PS	Eigengewicht (Dienstgewicht rd. $1/_3$ mehr)	normale Geschwindigkeit	Höchst-geschwindigkeit
Dampflok 600 mm	70	8,3 t	rd. 12 km/Std.	rd. 20 km/Std.
	90	11,0 t	12 ,,	20 ,,
900 mm	90	13 t	14 ,,	30 ,,
	160	14,8 t	14 ,,	30 ,,
	200	17,2 t	14 ,,	30 ,,
Diesellok 600 mm	10/11	3,0 t	4 ,,	8 ,,
	22/24	6,0 t.	4 ,,	8 ,,
	36/40	10,0 t	4 ,,	8 ,,

Zahl der Züge. Die nötige Zugzahl ergibt sich aus der Notwendigkeit, daß auch bei besonders günstiger Förderung keine Stockung durch Mangel an Transportraum eintritt. Es sei

die Baggerleistung in 10 Std. $Q = L_{eff.} \times 1,35 \cdot 10$ cbm gelockerter Boden;
die Fahrzeit jedes Zuges mit Aufenthalten an der Kippe (10–20 Min.) und z. B. für Kohle und Wasser fassen (8 Min.), aber ohne Ladezeit sei $= T$ Minuten, dann müssen die während der Fahrzeit T beladenen Wagen zu einem oder mehreren gleich großen Zügen zusammengestellt werden.

Ist die Ladezeit eines Zuges t Minuten, so ist die Zahl der Lok und Zugsgarnituren, wenn die Lok während des Ladens am Zug bleibt

$$n = \frac{T + t}{t} \cdot \text{Reserven sind vorzusehen.}$$

Dabei ist im allgemeinen Q auch T, also die zweckmäßige Geschwindigkeit anzunehmen, ferner die passende Wagengröße. Die Zuggröße (und damit t und n) kann dann aus Tabellen der Maschinenfabriken entnommen werden. Diese enthalten PS-Zahl der Lok, Dienstgewicht, normale und höchste Geschwindigkeit, und die für günstige Umstände errechnete Zugkraft am Haken der Lok, die Anhängelast je nach den Steigungen und Krümmungswiderständen.

Im folgenden soll die Berechnung dieser Werte unter den üblichen, ungünstigeren Verhältnissen bei Feldbahnen gezeigt werden.

Zugkraft der Lok. Da die Reibungszahl (gleitende Reibung) für Stahl auf trockener Schiene etwa 0,17, auf schlüpfriger Schiene oder Glatteis nur 0,09 beträgt, ist die Anwendung der Lok auf Reibungsbahnen nur bis etwa 8% Steigung sicher.

Wie bei Kraftwagen ist die Zugkraft der Lok höchstens gleich der gleitenden Reibung $Z \leqq R$, und, wenn das Dienstgewicht (Reibungsgewicht) gleich L ist,

$$Z = L \times f$$

Die Reibungszahl f wird praktisch mit $\frac{1}{7}$ (bei Glatteis ohne Sandstreuen $\frac{1}{11}$) angenommen. Ebenso gilt wie früher

$$\eta \cdot N_{PS} = \frac{Z_{kg} \times v_{m/sec^2}}{75} \text{ und}$$

$$\eta \cdot N_{PS} = \frac{Z_{kg} \times V_{km/std}}{270}, \text{ woraus } Z_{kg} = \frac{N_{PS} \times 270 \times \eta}{V_{km/std}}$$

$$\text{und } V_{km/std} = \frac{\eta \times N_{PS} \times 270}{Z_{kg}}$$

Wenn von Z die Zugkraft abgezogen wird, die für die Überwindung der Bewegungswiderstände der Lok selbst aufzuwenden sind, erhält man die Zugkraft am Haken.

Widerstände. Auf ebener, gerader Bahn kann gerechnet werden

$W_m =$ Lokwiderstand   12 kg/t bis 25 kg/t
$W_g =$ Wagenwiderstand   12 kg/t

W_s = Steigungswiderstand bei s $^0/_{00}$ Steigung = s kg/t

W_r = Kurvenwiderstand bei 600 mm Spur $\dfrac{200}{r-5}$ kg/t ⎫

900 „ „ $\dfrac{400}{r-16}$ „ ⎬ gilt auch für den Bogen der Weichen

1435 „ „ $\dfrac{500}{r-20}$ „ ⎭

Der Luftwiderstand ist gering.

Beispiel. Die effektive Leistung eines Löffelbaggers ist $L_{eff.}$ = 70 cbm/Std. gelockerter Kies (Raumgewicht 1,5), Transport auf 2 km mit 8 $^0/_{00}$ Steigung in 2 cbm Kastenkippern. Aufenthalte auf Kippe etc. 20 Min. Geschwindigkeit der Züge etwa 8 km/Std. Gesucht Zugzahl und Zuggröße.

Für die Bemessung des Transportraumes wird die Höchstleistung des Baggers zu 1,35 × 70 = 94,5 cbm/Std. = 945 cbm/10 Std. oder $\dfrac{94,5}{60}$ = 1,57 cbm/Min. angenommen.

Fahrzeit ohne Ladezeit

$$T = \frac{2 \times 2,0 \text{ km}}{8 \text{ km/60 Min.}} + 20 \text{ Min.} = 30 + 20 = 50 \text{ Min.}$$

Während dieser Zeit können 1,57 cbm/Min. × 50 Min. = 78,5 cbm = 39 Wagen geladen werden (also 2 Züge zu 20 oder 3 Züge zu je 13 Wagen).

Gewicht einer Kiesladung 2,0 × 1,5 = 3 t, Eigenlast der Wagen sei rd. $^1/_3$ × 3 t = 1 t, zusammen 4 t.

39 Wagen wiegen 39 × 4 = 156 t.

Für die weitere Rechnung ist das Dienstgewicht der Maschinen maßgebend, die natürlich nicht für diese Arbeit allein beschafft werden, z. B. 50 PS Dampflok mit 10 t Dienstgewicht

Zugkraft   Z = 10 · $^1/_7$ = 1,425 t = 1425 kg,

dabei V = $\dfrac{0,9 \cdot 50 \cdot 270}{1425}$ = 8,5 km/Std.

Lokwiderstand W_m = 10 t · 15 kg/t = 150 kg
W_s = 10 t · 8 kg/t = 80 kg
230 kg.

Es bleibt die Zugkraft am Haken 1425 − 230 = 1195 kg.

Widerstand je Wagen W_g = 4 t · 12 kg/t = 48 kg
W_s = 4 t · 8 kg/t = 32 kg
80 kg.

Für jeden Zug 1195 : 80 = rd. 15 Wagen. Jeder Zug wiegt ohne Lok 15 × 4 t = 60 t. Zugzahl 156 : 60 = rd. 3 Züge + 1 Zug an der Ladestelle, also 39 : 3 = 13 Wagen je Zug.

$$t = \frac{13 \times 2 \text{ cbm}}{950 \text{ cbm}} \times 600 \text{ Min.} = 17 \text{ Min.} \quad T + t = 50 + 17 = 67 \text{ Min.}$$

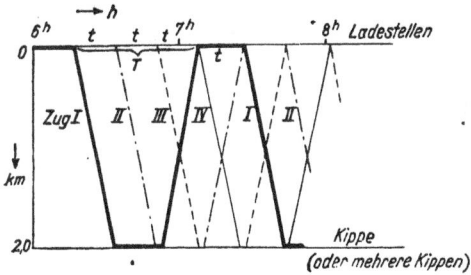

Abb. 21. Fahrplan für den Erdtransport.

Jeder Zug macht durchschnittlich

$$\frac{600 \text{ Min.}}{67 \text{ Min.}} = \text{rd. 9 Fahrten.}$$

Als Kontrolle ergibt sich die Zugzahl

$$\frac{T + t}{t} = \frac{86}{17} \text{ rd. 4 Züge.}$$

Die Tagesleistung ist $9 \times 4 \times 13 \times 2$ cbm = rd. 950 cbm.

Durch größere Geschwindigkeit, besonders bei der Leerfahrt, kann ein Zug gespart werden.

Ein graphischer Fahrplan zeigt die Zugkreuzungen auf, für welche Ausweichstellen vorzusehen sind.

Maschinen an der Kippe. Die Lokomotive schiebt den Zug vor sich her auf die Kippe. Meist werden die Wagen seitwärts gekippt. Muß nach vorn entladen werden, so muß jeder Wagen über Weichen oder Drehscheiben herausgezogen werden, wenn keine Schleife gebildet werden kann. Die Handarbeit beim Entleeren kann durch Selbstentlader und Schrägbodenentlader verringert werden.

Die Wegräumung der Schüttmassen aus dem Gleis wird durch den Planierpflug erleichtert, der vom abfahrenden Zug ein- oder mehrmal durch die Kippmassen gezogen wird.

Wenn die Aufnahmefähigkeit der Kippe erschöpft ist, wird das Gleis erhöht oder verschoben. In letzterem Falle kann eine Gleisrückmaschine Verwendung finden. Richten und dauerndes Unterstopfen der Gleise ist besonders bei bindigem, regenempfindlichem Boden wichtig.

Abb. 22. Planierraupe ebnet eine Dammschüttung.
Verstellbare Schüttanlage an der RAB München-Salzburg.

Albrecht, Straßenbau.   4

VIII. Arbeitsmethoden im Erdbau.

Für das zu wählende Verfahren ist zunächst zu entscheiden, ob Handarbeit (bei reichlicher Arbeiterzahl), Löffelbagger (bei ungleichmäßigem, schwerem Boden) oder Eimerkettenbagger (sehr große Massen gleichmäßigen Bodens) zum Lösen des Bodens vorzusehen ist. Beschränkte Bauzeit wird für den Einsatz von Maschinen sprechen.

Für den Transport kommt meist Gleis mit Lokbetrieb in Anwendung, bei Fels wegen der geringeren Leistung auch mit Handbetrieb, bei starkem Gefäll auch Bremsberganlagen (Schrägaufzug) und für geringere Massen oder geringe Entfernung auch der gleislose Erdbaubetrieb. Raupenwagen, Planierraupe und Schürfkübel können ebenso wie bisher der Schubkarren zu Planierungen und Vorbereitung der Gleislage dienen.

Schon in der Massenverteilung ist Talförderung anzustreben.

Das Gleis ist von Anfang an planmäßig zu legen, mit Rücksicht auf den späteren Bau. Tiefe Lage im Einschnitt ist für das Beladen der Wagen von Hand vorteilhaft, hohe Lage auf dem Damm für das Kippen. Bei Verwendung eines Baggers sind dessen Arbeitsmaße für die Gleislage bestimmend.

Für einen raschen Arbeitsgang ist die Schaffung ausreichender Arbeitsstellen oder Angriffspunkte wichtig, die aber zur besseren Überwachung gut verbunden sein sollen.

Ferner richtet sich das Arbeitsverfahren nach der

Bodenart, ob bindige Böden von losen Böden getrennt gewonnen und geschüttet werden müssen – Lagenbau –

wie hoch die erlaubten Schüttungslagen des Dammes sind (TVE) – Lagenschüttung –

ob aus einem Einschnitt Bruchsteine für Packlage oder Brücken zu gewinnen sind, oder Kies für Straßendecken oder Beton,

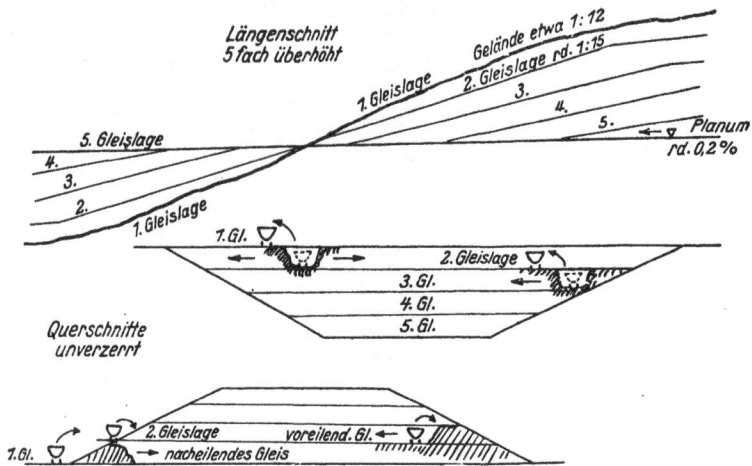

Abb. 23. Lagenbau im Handschacht.

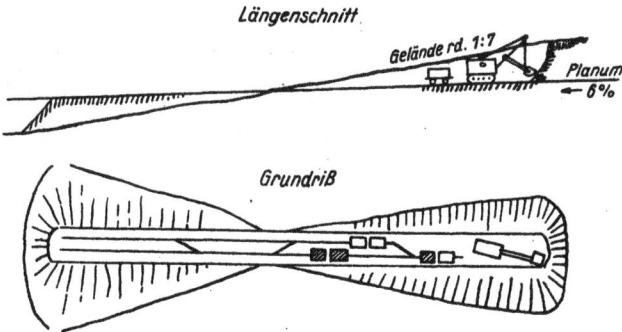

Abb. 24. Kopfbau mit Löffelbagger.

ob der Fels eines Einschnittes parallel der Einschnittachse – Seitenbau oder Schlitzbau – oder senkrecht dazu geschichtet ist – Kopfbau –, oder ob die Schichten waagrecht liegen – Verbindung von Kopf- und Lagenbau –.

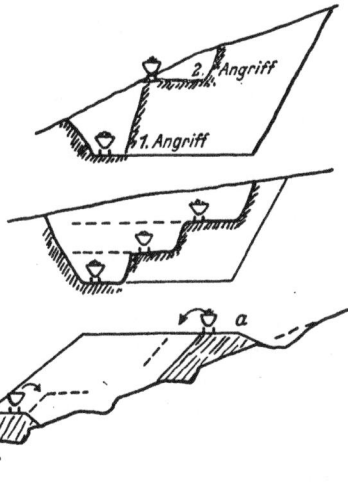

Abb. 25.

Seitenbau im Einschnitt
und am Damm.

Die Arbeitsmethode richtet sich auch nach dem

Gelände:

a) Neigung senkrecht zur Straßenachse.

Starke Querneigung des Geländes im Einschnitt macht die Anlage eines Schlitzes am tieferen Rand wirtschaftlich oder die Anlage mehrerer Gleise in verschiedener Höhe – Seitenbau –. Im Auftrag würde dem die Seitenschüttung von einem schmalen bergseitigen Damm ausgehend entsprechen, die aber Dammrutschungen zur Folge haben kann.

b) Neigung in Straßenachse.

Im Bergtransport werden die Leistungen der Lokomotiven bei Steigungen von 1 : 25 (4%) schon sehr vermindert. Gefälle über 1 : 12 (8%), die im Straßenbau vorkommen, sind für Reibungsbahnen kaum noch betriebsicher (Reibungszahl bei Glatteis 1 : 11) und müssen mit Bremsbergen und gleislosem Betrieb bewältigt werden.

4*

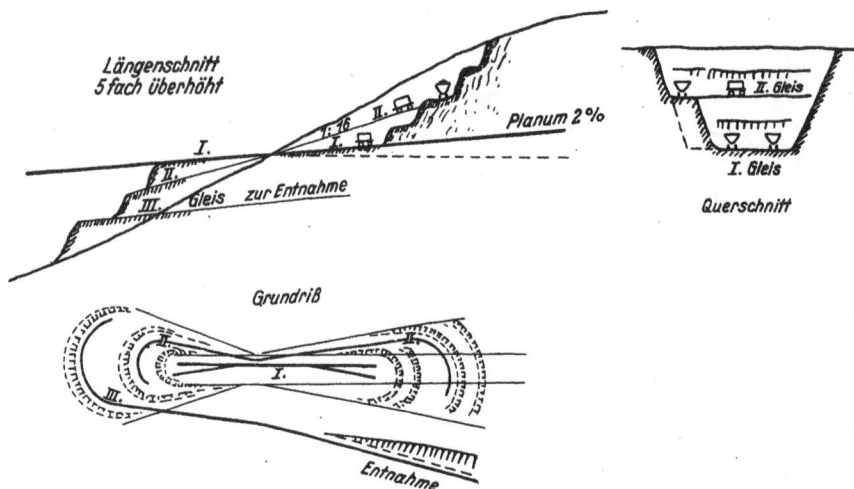

Abb. 26. Felseinschnitt und Damm im Kopfbau mit Stufen.

Steiles Gelände in Richtung der Straßenachse verlangt daher tiefes Einschneiden in den Abtrag bzw. hohe Schüttdämme im Auftrag – Kopfbau oder Verbindung mit Lagenbau, Gerüstbau.

Bei flachem Gelände (in Richtung der Straßenachse) sind Einschnitte bis 1,5 m und Dämme in Höhe der erlaubten Lage möglich – Lagenbau.

c) Die primitivste Erdbaumethode, Entnahme von Boden aus flachen Gräben neben dem Damm, mit großer Arbeiterzahl (Schubkarre, Schaufelwurf u. a.), aber auch mit Baggern oder Planiergerät ist in ebenen Strecken wenig erschlossener Gebiete (Kolonien) am Platze, besonders aber da, wo die Gefahr starker Schneeverwehungen lange, niedrige Dämme erfordert (Russische Steppe). Auf Entwässerungsmöglichkeit und Kultur der Seitenentnahme ist zu achten.

Übung. Zeichne im Längsschnitt, Querschnitt und Lageplan eines Straßeneinschnittes die Gleisanlagen zu Beginn der Abtragsarbeit und nach 4 Monaten ein. Ausmaße, Bodenart und Gefäll nach Annahme.

IX. Schäden an Erdbauten, Verhütung und Behebung.

Die Erdbauten leiden vor allem unter der direkten und indirekten Einwirkung von Wasser in den Formen als Tagwasser (Oberflächenwasser, Regen), Quellen, strömendes Wasser, Grundwasser. Indirekte Wirkungen des Wassers zeigen sich als Frostschäden bei wasserhaltigem Boden, Rutschungen von nassen Einschnittböschungen und Ausquetschungen von Dammschüttungen, Rutschungen ganzer Einschnitte und Dämme auf nassen Gleitschichten, Vermurungen und Lawinen. Auch das Lösen von Steinen aus Felsböschungen und die Verwitterung von Felsböschungen ist auf Wasser, Frost- und Auftauwirkungen zurückzuführen. Die Angriffe des Windes treten dem gegenüber zurück. Lawinenschutz und Schutz gegen Vermurung ist im Gebirge von Bedeutung.

Die Sicherung gegen Angriffe des Wassers besteht im allgemeinen in der Abhaltung und schnellen Abführung desselben oder in der Befestigung der angegriffenen Flächen.

Schäden im Untergrund. Zu geringe oder ungleichmäßige Tragfähigkeit des Untergrundes bewirkt Setzungen. Weiche Schichten werden zusammengedrückt, während sich die tief gegründeten Brücken nicht setzen (schwimmende Gründung zuweilen vorzuziehen). Gleitschichten unter Dämmen und Einschnitten können nach langdauernden Regen schmierig werden und Rutschungen erzeugen. Abhilfe schwierig (umfassende Entwässerung der Gleitschicht), besser solche Stellen vermeiden. Hohe Dämme auf ungleich weichem Boden können auch seitlich teilweise abrutschen, wenn die innere Bodenreibung überwunden wird. Dämme und Einschnitte auf Geröllhalden, die sich in der natürlichen Böschung abgelagert haben, stören das Gleichgewicht.

Schäden im Damm. Ungleichmäßige Setzungen treten auf, wenn nasser, bindiger oder gefrorener Boden eingebaut wurde. Auch nachträglich kann Regenwasser besonders an den Fahrbahnrändern in den Damm eindringen und bindigen Boden aufweichen (Abdeckung der Dammschulter mit Rasen). Untere weiche Dammschichten können durch die Last des Dammes ausgequetscht werden (keine starken Lagen solcher Böden). Rutschungen mit Seitenrissen können durch ungenügende Abtreppung und durch Seitenschüttung entstehen, kommen auch bei Dammverbreiterung vor. Schnelle Begrünung der Dammböschungen ist besonders bei Löß als Schutz gegen Auswaschungen durch starke Regen nötig; vorläufiger Schutz durch Belegen mit Zweigen.

Ungleiche Setzungen von Damm und Bauwerk sind durch sorgfältige Hinterfüllung zu verringern.

Schäden im Einschnitt. Zu steile Felsböschungen bei ungünstiger Schichtung geben Veranlassung zu Abstürzen von Steinen bei Tauwetter und starkem Regen (Säuberung der steilen Böschungen, Untermauerung, Festigung durch Strauchwerk, Belassung von Baumwurzeln, Berasung und Bepflanzung an Stufen im Felshang). Mergelfelsböschungen erfordern oft eine Verkleidung durch schwache Mauern. Nasse Erdböschungen werden durch Sickerrinnen entwässert. Gleitschichten über dem Planum können das Abrutschen der bergseitigen Böschung veranlassen. Stützmauern als Sicherung können versagen, Trockenlegung der Gleitschicht auf eine ausreichende Tiefe ist teuer. Einschnitte in weichem Boden verlangen besonders flache Böschungen und Sicherung durch Bepflanzung.

Frostschäden im Einschnitt und Damm. Voraussetzung zu Frostschäden ist das Vorhandensein von Wasser (Grundwasser oder in den Unterbau eindringendes Tagwasser) und eine Bodenart, die es vermöge seines Gehalts an feinsten Teilchen und engsten Poren kapillar bis in den Frostbereich hebt.

Im Frostbereich unter der Fahrbahndecke reichert sich das aufsteigende, gefrierende Wasser zu Eislinsen an, die die Fahrbahndecke heben und aufreißen können. Die Schäden machen sich zum Teil auch erst bei Tauwetter bemerkbar, wobei der Untergrund aufgeweicht wird. Auch die Einschnittböschungen können geschädigt werden, wenn hinter den gefrorenen Böschungsflächen Wasser ansteht, das bei Tauwetter durchbricht.

Abhilfe und Vorbeugung: Ersatz des frostgefährlichen Bodens durch frostsicheren Boden. Frostsicher sind Kies und Sand mit keinen oder wenig bindenden Teilen und geringer Kapillarität (Aufstieg 25 bis 35 cm).

Frostschiebend sind je nach der Kornzusammensetzung die bindigen Böden und lehmiger Kies und Sand (Kapillarer Aufstieg über 1 m).

Die Frostschutzschicht muß alles Wasser außer dem Frostbereich halten. In Einschnitten seitlich eintretendes Wasser ist durch eine unterirdische Drainierung abzuführen.

Wo frostsicherer Boden fehlt, kann durch eine bituminöse Isolierung in Frosttiefe der kapillare Aufstieg unterbrochen werden.

Die hohen Kosten des Frostschutzes beschränken die Anwendung auf hochwertige Decken.

X. Straßenbefestigung.

Auf den verdichteten Erdkörper der Straße wird die Decke aufgebracht. Die Oberfläche des Erdkörpers, das Planum, ist vorher profilgemäß mit Quergefäll zu ebnen. Als Decke wird je nach Bedeutung und Beanspruchung der Straße, ihrer Steigung, der Tragfähigkeit des Erdkörpers und dem Vorkommen geeigneten Materials eine Betondecke, Zementschotterdecke, Pflasterdecke oder bituminöse Decke gewählt.

Die Betondecke kann meist unmittelbar auf das Planum verlegt werden, da die Betonplatten ungleichmäßige Setzungen des Erdkörpers in einem gewissen Grad zu überbrücken vermögen. Es wird lediglich eine Sauberkeitsschicht auf bindigem Boden und eine Papierlage zur Verringerung der Reibung zwischen den Betonplatten und dem Planum eingebracht.

Die andern Decken sind nachgiebiger und erfordern einen Deckenunterbau. Eine alte, hergerichtete Straße, auf welche die Decke aufzubringen ist, kommt einem Unterbau gleich.

1. Deckenunterbau (RUL).

Richtlinien für die Ausführung des Deckenunterbaues auf Landstraßen. RUL. Bei bindigen Böden wird zunächst eine Filterschicht von Sand eingebracht, um das Hochsteigen des Bodens zu verhindern.

Kiesunterbau. Darauf werden 2 Kiesschichten von je rd. 10 cm Dicke festgewalzt, oder besser, für weniger guten Untergrund:

Schotterunterbau. Über 1 oder 2 bis 10 cm starken gewalzten Lagen Schotter groben Korns werden 1 oder 2 bis 6 cm starke Lagen feineren Korns unter Zugabe von Dichtungssplitt festgewalzt und mit Sand eingeschlämmt, oder, mit besserer Druckverteilung:

Packlageunterbau. Packlage 20 bis 25 cm hoch wird in Handarbeit gesetzt, geköpft, verzwickt, leicht gewalzt, eine 5 bis 8 cm starke Ausgleichschicht aus Kies aufgebracht, gewalzt und bei gutem Untergrund eingeschlämmt, oder, bei ungleichmäßigem Untergrund

Betonunterbau. Der Unterbau einer bituminösen, Pflaster- oder Zementschotterdecke wird aus Beton 17 bis 25 cm stark ähnlich den Betondecken hergestellt.

Einzelheiten sind den RUL zu entnehmen.

Bodenverfestigung mit Zement oder Bitumen kann als Unterbau in Betracht kommen.

2. Decken.

Man unterscheidet Betondecken, Zementschotterdecken, bituminöse Decken (schwarze D.) und Pflasterdecken (Kleinpflaster und Großpflaster). Je nach der Verkehrsbeanspruchung werden diese Decken in verschiedenen Stärken ausgeführt. Als leichteste Decke wird bei schlechtem Untergrund zuweilen die wassergebundene Schotterdecke (sandgeschlämmte Schotterdecke) mit Oberflächenbehandlung vorläufig verwendet, bis der Erdkörper zur Ruhe gekommen ist.

Betondecken. Betondecken können in vielen Fällen ohne Unterbau auf den Untergrund verlegt werden. Das Planum muß vor dem Einbau der Decke nochmal plangemäße eingeebnet und gleichmäßig verdichtet werden. Eine Papierlage soll die Reibung zwischen Betonplatte und Planum vermindern (Wärmespiel).

Technische Vorschriften für die Ausführung von Betondecken auf Landstraßen. TVBeton. Über die Herstellung der Decke, die Baustoffe und die Nachbehandlung geben die TVBeton genaue Anweisung.

Der Beton ist nach den neuzeitlichen Grundsätzen des Betonbaues aufzubauen und in einschichtiger oder zweischichtiger Bauweise in ununterbrochenem Fluß herzustellen, so daß der Beton beider Lagen innerhalb von 2, bei feuchtem Wetter 3 Stunden einschließlich der Fugen vollständig verarbeitet ist. Der Oberbeton muß verschleißfest sein.

Den bisherigen Ausführungen mit wasserarmem Beton stehen ebenso gute Erfahrungen mit weichem Beton gegenüber.

Deckenstärke. Bei Reichsstraßen auf unnachgiebigem Grund in einschichtiger Bauweise mindestens 15 cm, sonst 22 cm, auf anderen Straßen 12 bzw. 20 cm.

Eisenmatten werden bei ungünstigem Untergrund zwischen Unter- und Oberbeton 5–7 cm unter Betonoberfläche eingebaut.

Mittelfuge. Bei Fahrbahnbreiten über 4,5 m sind Mittelfugen anzuordnen. Einseitig geneigte Fahrbahnen können ungeteilt bis 6 m breit sein. Raum-, Preß-, Scheinfugen. Die Längsfugen sind bei Gefahr möglicher Setzungen zu verankern.

Herstellung der Betonfahrbahn einer Reichsautobahnstrecke.

Abb. 27, a–h.   Hochtief, Nürnberg.

a) Der Schienenkran verlegt die eiserne Schalung mit aufgebrachter Schiene auf eine Betonschwelle zu beiden Seiten der Fahrbahn, auf der die nachfolgenden Maschinen und Arbeitsbühnen laufen.

b) Eine Sandschicht wird auf die Fahrbahn aufgebracht und mit einer Einradwalze eingewalzt.

Abb. 27.

c) Auf dieser Sandschicht wird Papier ausgebreitet und die Längs- und Querfugen mit in Carbolineum getränkten Fugenbrettern unterteilt. Gleichzeitig wird die Betonmaschine von einem Zug aus seitlich beschickt.

d) Der fertig gemischte Beton wird in einer fahrbaren Betonmaschine hergestellt, in einen Verteiler abgefüllt und auf die Fahrbahn aufgebracht.

Abb. 27.

e) Nachdem das Stahldrahtgewebe, das in b noch seitlich aufgestellt ist, auf den Unterbeton aufgelegt ist, wird durch einen weiteren Verteilerwagen der Oberbeton aufgebracht.

f) Der Fertiger stampft den Beton fest und stellt eine glatte Oberfläche her.

g) Von einer Arbeitsbühne aus werden die etwa noch vorhandenen kleinen Unebenheiten ausgeglättet.

h) Von einer weiteren Arbeitsbühne aus werden die Fugeneisen entnommen und die Fugen sauber hergestellt, in die später eine Fugenausgußmasse eingebracht wird. Durch die Bühne hindurch sieht man die nachfolgenden fahrbaren Schutzdächer, die den frischen Beton gegen Sonne und Regen schützen.

Querfugen. Querfugen sind in Abständen von 6–15 m anzuordnen. Dabei sind 2 Scheinfugen zwischen Raumfugen zugelassen. Die Fugen sind mit Ausdehnungsmöglichkeit zu verdübeln, wo ungleiche Setzungen oder Frosthebungen zu erwarten sind.

Randeinfassung. Als Randeinfassung dienen 2 Reihen Großpflaster auf 10 cm Sand.

Schutzstreifen. Unbefestigte Schutzstreifen (Bankette) beiderseits der Fahrbahn werden meist mit Rasenziegeln abgedeckt.

Nachbehandlung. Die Betondecke ist sorgfältig 6–8 Stunden gegen Wind, Sonne, Regen und Frost zu schützen (Schutzdächer, Zwischendecken unter den Schutzdächern, Anfeuchten). Weitere 10 Tage ist sie abzudecken und feucht zu halten und dann noch 5 Tage feucht zu halten.

Maschinen des Betonstraßenbaues. Der Gerätepark des Betonstraßenbaues ist an der RAB entwickelt worden. Die hohen Anforderungen der RAB an Verdichtung des Erdkörpers, Güte des Betons, Ebenheit der Fahrbahn und Schnelligkeit des Baus ließen sich nur durch weitgehende Mechanisierung erreichen. Die Reichsstraßen unterliegen ähnlichen Bedingungen. Auch im Landstraßenbau zwingt der Mangel an Arbeitskräften immer mehr zum Einsatz von Maschinen für alle Arbeiten. Als

Gerät zum Lösen und Laden des Bodens steht der Universalraupenbagger mit 0,35 bis 0,6 cbm (Kleinbagger) und bis 2 cbm Löffelinhalt (Normalbagger) an erster Stelle. In der Umbauform als Greifer dient er dem Umschlag der Baustoffe, als Stampfer zur Bodenverdichtung und mit Rammeinrichtung zu Gründungen.

Bodenförderung. Für Bodenförderung herrscht Gleisbetrieb vor. Die geländegängigen Geräte, wie Dieselschlepper auf Raupen und Raupenwagen erleichtern den Transport in schwierigem Gelände.

Einbaugerät. Neben der Stampfausrüstung der Universalbagger werden im Straßenbau auch die Handstampfgeräte, Druckluftstampfer, Explosions-

Abb. 28.　　　　　　　　　　　　　　　　　　　Straßenhobel
(Einebnungs-
pflug).

stampfer (Frosch), Elektrorüttelstampfer, Schwingverdichter, Vibratoren verwendet, ferner die Straßenwalze, die zur besseren Druckverteilung mit Plattengürteln versehen wird. Zum Aufreißen und Einplanieren von Schotterstraßen, die als Unterbau einer neuen Straße dienen sollen, werden Aufreißer und Straßenhobel gebaut.

Planumsfertiger für die Planierarbeit unmittelbar vor Aufbringen der Papierlage werden mit Abgleich- und Stampfbohle konstruiert. Auch die Papierlage kann maschinell eingebracht werden.

Deckenbaugerät. Mischmaschinen. Auf der RAB hat sich der fahrbare Brückenmischer durchgesetzt, der auf den Laufschienen des Fertigers über die ganze oder halbe Fahrbahn arbeitet. Die Betonverteilung geschieht durch Ausleger oder Verteilerbrücke. Die Zweischichtendecke erfordert 2 Brückenmischer und 2 Fertiger für Unter- und Oberbeton. Brückenmischer und Fertiger können für Reichsstraßen auf verkürzte Brückenlänge umgebaut werden.

Im Landstraßenbau kann bei halbseitigem Ausbau der Fahrbahn z. B. ein Raupenmischer mit Förderbandverteiler oder Kübelausleger neben der Fahrbahn arbeiten, dem Zement und Zuschläge durch Muldenkipper zugeführt werden.

Auch kann die zentrale Herstellung des Betons in einer ortsfesten Mischanlage am Baustofflager vorteilhaft sein. Der Betontransport erfolgt dann in Muldenkippern auf Gleis, oder in Kübeln auf Lastkraftwagen oder in „Liefermischern".

Fertiger. Der durch den Verteiler eingebrachte und verteilte Beton wird auf der RAB durch den Straßenfertiger, der brückenartig die Fahrbahn von Schalungsschiene zu Schalungsschiene überspannt und dem Brückenmischer folgt, abgeglichen, verdichtet und bis zum vorgeschriebenen Deckenschluß geglättet. Bei den verschiedenen Bauarten erfolgt meistens

das Abgleichen (Abziehen) durch eine waagrecht schwingende Bohle,

das Verdichten durch Schlagbohlen oder Stampfhämmer oder Vibratoren mit hoher Schwingungszahl,

das Glätten durch waagrecht schwingende Bohlen oder Vibratoren.

Die Arbeitsgeschwindigkeit ist theoretisch 2–3 m/Min., bei Reichsstraßenfertigern 0,6–1,5 m/Min.

Für die Landstraßen ist beim Zweischichtenbeton die Verdichtung des Unterbetons mit Kleingerät zugelassen, der Oberbeton muß mit von Schalung zu Schalung durchgehendem Gerät (auch Handstampfbohle) verdichtet und geschlossen werden.

Umschlaganlage. Am Baustofflager sind Greifer, Förderbänder oder Becherwerke eingesetzt, um die verschiedenen Körnungen der Zuschlagstoffe in Vorratsbunker und Silo zu laden.

Bituminöse Decken. Eine Mischung von Gesteinsmaterial verschiedener Körnung (Schotter, Splitt, Sand, Gesteinsmehl als Füller) mit einem bituminösen Bindemittel (aus Rohöl gewonnenes Bitumen oder Teer oder eine Mischung beider oder Emulsion = Lösung) wird an Ort und Stelle oder in einer Misch-

Abb. 29. Betonierung der Randstreifen einer Autobahnstrecke.   Sager & Woerner.

Abb. 30. Betonierung der Fahrbahn einer Autobahnstrecke.   Sager & Woerner.

Abb. 31. Schema von Straßenfertigern.

Stampfbohlenfertiger
(Dinglerwerke).

A = Abziehbohle
B = Stampfbohle
C = Vibrationsschleif-
balken.

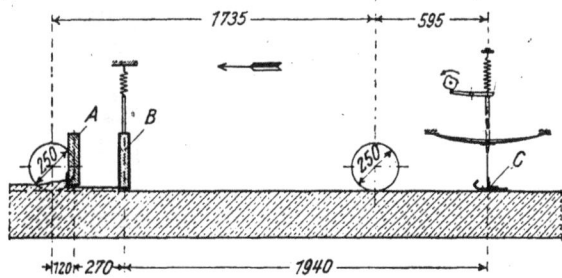

Vibrationsfertiger
(Gauhe, Gakel & Cie).

A = Abziehbohle
B = Vibrationswalze
C = Glättbohle.

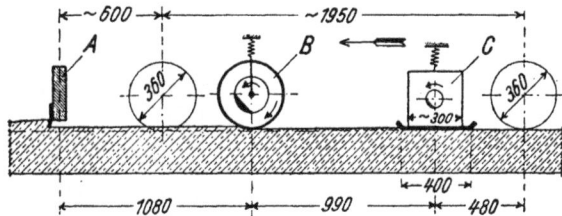

anlage hergestellt und auf den Unterbau aufgewalzt. Die bituminösen Decken sind verschleißfest, aber für sich allein nicht tragfähig. Sie machen die Bewegungen des Untergrundes mit und bedürfen daher eines festen Unterbaues, der häufig von einer alten, neu gebesserten und profilierten, sandgeschlämmten Schotterstraße auf Packlage gebildet wird.

Verbreiterung. Die meist nötige Verbreiterung einer solchen Straße kann so erfolgen, daß auf einem Packlageunterbau eine etwa 8 cm starke (im fertigen Zustand gemessen) Schotterschicht mit schwerer Walze abgewalzt, mit Splitt verkeilt und schließlich unter Zugabe von Sand und Wasser bis zur völligen Festigung und Dichtung profilgemäß gewalzt wird.

TVbit. Die üblichen Bauweisen sind in den Technischen Vorschriften für bituminöse Deckenarbeiten auf Landstraßen beschrieben.

I. Oberfächenbehandlung. Meist als Überzug sandgeschlämmter Schotterstraßen. Auf der scharf gefegten Decke wird das heiße Bindemittel aufgesprengt, mit Hartsteinsplitt gedeckt, gewalzt.

II. Makadambauwesen. a) Tränkmakadam. Auf den gereinigten Unterbau wird eine Schotterschicht gebracht, geebnet, nötigenfalls abgesplittet, gewalzt, mit heißem Bindemittel durch Spritzgerät getränkt, abgesplittet und gewalzt. (Halbtränkung.)

Bei der Volltränkung wird Einspritzen des Bindemittels, Absplitten und Walzen wiederholt. Es folgt Oberflächenbehandlung. Die fertige Decke ist etwa 7 cm stark.

b) Streumakadam. Besteht aus 2 Schichten zusammen etwa 7 cm stark auf gereinigtem Unterbau. In eine untere Schotterschicht wird bituminöser Splitt (Einstreusplitt) warm eingewalzt. Die obere Verschleißschicht besteht aus eingewalztem, bituminösem Hartsteinsplitt. Später Oberflächenbehandlung.

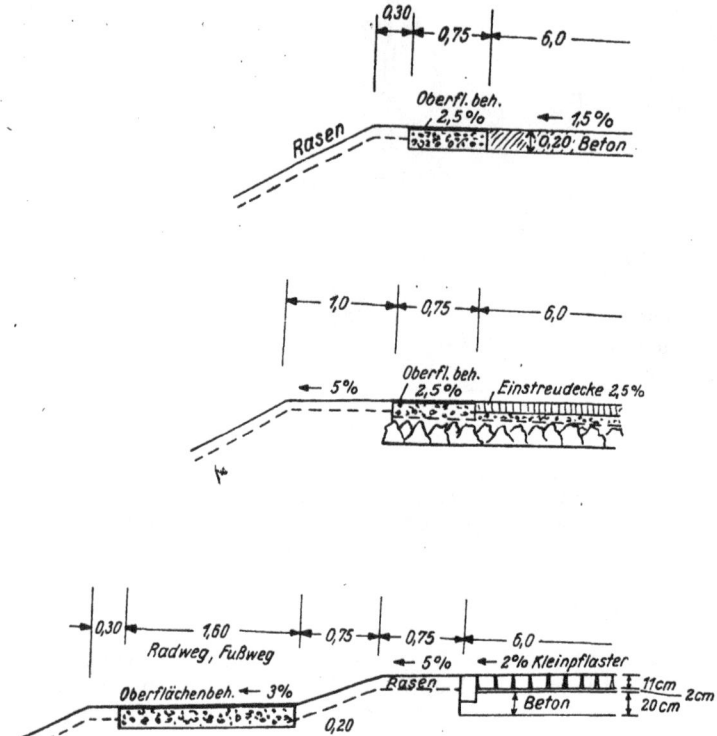

Abb. 32. Straßenquerschnitte.

c) Mischmakadam. Auf gelegter Unterlage werden 2 oder 3 Schichten zusammen etwa 5 bis 8 cm stark aus einer in einer Mischanlage hergestellten Mischung von Schotter und Splitt mit Bindemittel eingebaut und gewalzt. Oberflächenbehandlung. Warm- und Kalteinbau.

III. Hohlraumarme Decken. Ein oder zwei Schichten von zusammen 3 bis 7 cm Stärke aus einem hohlraumarmen Gemisch von Splitt, Sand, Füller mit Bindemittel (Bitumen, Bitumen-Teer oder Teer) in sorgfältig gewählter Abstufung werden auf trockener gereinigter Unterlage heiß eingebaut und gewalzt.

Randeinfassung. Als Randeinfassung können je 2 Reihen Großpflaster oder Betonstreifen oder Tiefbordsteine dienen.

Übung. Zeichne im Maßstab 1 : 20 den Regelquerschnitt einer Landstraße mit einer der genannten Decken.

Maschinen für bituminöse Decken. Oberflächenbehandlung und Tränkdecken erfordern außer leicht beweglichen Walzen bis etwa 10 t Gewicht nur fahrbare Kochkessel und Spritzgerät. Auch Splittstreumaschinen werden verwendet.

Einstreu-, Mischmakadam- und die hohlraumarmen bituminösen Decken bedürfen noch einer am Materiallagerplatz aufgestellten, ortsfesten oder fahrbaren Anlage zum Sieben, Vortrocknen, Erhitzen, Abwiegen und Mischen der Mineralmengen und des Bindemittels.

Der Transport der Mischung an die Baustelle erfolgt in wärmeisolierten, abgefederten Wagen. Die Verdichtung und Abgleichung geschieht durch Walzen, bei hochwertigen Straßen auch durch Fertiger ähnlich dem im Betonstraßenbau verwendeten Gerät.

Kleinpflasterdecken. Pflasterdecken erfordern den Einsatz einer größeren Zahl gelernter Arbeiter. Sie sind für größere Steigungen geeignet und wo hartes, zähes, spaltbares, nicht zu glattes Naturgestein leicht erreichbar ist. Für Überlandstraßen kommt im allgemeinen nur Kleinpflaster in Betracht.

Für RAB gilt die Anweisung für den Bau von Pflasterdecken auf Reichsautobahnen. Das „Merkblatt für den Bau von Fahrbahndecken aus Steinpflaster" stellt die Grundsätze für die Ausführung verschiedener Pflasterbauweisen für Landstraßen zusammen.

Abb. 33. Setzen des Kleinpflasters in Bogenform.

Unterbau. Voraussetzung ist ein fester, profilgemäß geebneter Unterbau (alte Straße) auf tragfähigem, frostfreiem Untergrund.

Seitenbegrenzung. Vor Aufbringen der Pflasterkiesschicht ist eine Einfassung aus (Hoch- oder Tief-) Bordsteinen oder 6 cm starker bituminöser Decke auf fester Unterlage (Packlage und Kies) oder Betonschwellen herzustellen.

Abb. 34. Abrammen des Kleinpflasters.

Kleinpflaster. Auf den Unterbau wird eine bis 4 cm starke (nach dem Abrammen der Steine gemessen) Kiessandschicht aufgebracht. Die Steine, etwa 9 oder 10 oder 11 cm hoch und möglichst würfelförmig, werden sortiert, in Verband (Bogenform oder Reihen senkrecht zur Straßenachse oder unregelmäßig) mit Fugen von 5 bis 8 mm Breite mit mindestens 2 cm Übersetzung hammerfest gesetzt und unter Zugabe von Wasser profilmäßig gerammt.

Fugenverguß. Die Fugen werden zweckmäßig erst mit Sand eingestreut und dem Verkehr ausgesetzt, dann durch Druckwasser oder Druckluft oder Kratzer gesäubert und mit bituminöser Vergußmasse oder Zementmörtel vergossen.

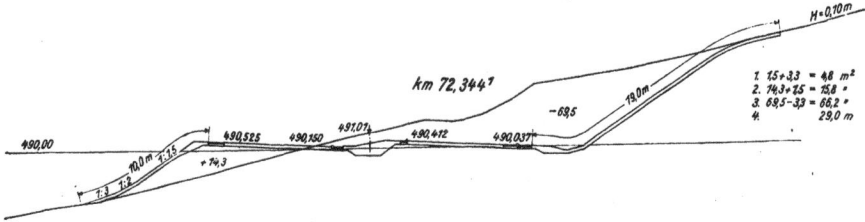

Abb. 35. Querschnitt der Reichsautobahn.

XI. Reichsautobahnen.

Während Reichsstraßen und Landstraßen im allgemeinen schon bestehen und meist nur für den modernen Kraftverkehr umgebaut werden müssen, sind die RAB neue Fern- und Schnellverkehrslinien, die in einem für ferne Zukunft berechneten Netz alle Gaue des Reiches naherücken sollen, ja über die Reichsgrenzen hinaus die Länder Europas verbinden werden.

An die Leistungsfähigkeit, Verkehrssicherheit, Linienführung und Dauerhaftigkeit werden daher höchste Anforderungen gestellt.

Die Bahnen für Fahrt und Gegenfahrt sind getrennt, je 7,5 m Fahrbahn mit beiderseitigen Seitenstreifen, zwischen den Bahnen ein Grünstreifen, der zur Vermeidung von Blendung häufig mit Hecken, Sträuchern oder auch Bäumen bewachsen ist. Parkplätze, Rasthäuser, Tankstellen und Fernsprechzellen sind für die Bedürfnisse des Langstreckenverkehrs vorgesehen und Straßenmeistereien für die Unterhaltung und Schneeräumung. Jede Kreuzung von Fahrten ist vermieden. Bahnen und andere Straßen werden unter- oder überführt, Einmündung von Zubringerstraßen in die RAB erfolgen ebenfalls unter Vermeidung von Kreuzungen und unter Flankenschutz.

Für die Zubringerrampen gelten die gleichen Richtlinien wie für die Landstraßen. Auch für die RAB gelten ähnliche Grundsätze, aber mit erhöhten Anforderungen an Verkehrsschnelligkeit und Sicherheit (große Halbmesser, Ausrundungen, Sichtstrecken, Frostschutz), Güte des Unterbaues und der Decke und Unterhaltung. Vor allem am Bau der RAB sind ja die Erfahrungen gewonnen worden, deren Ausbeute die Richtlinien darstellen.

Dem Geiste, aus dem heraus der Bau der RAB begonnen wurde, entspricht es, daß nicht Rentabilitätsberechnungen oder auch das Verkehrsbedürfnis für die nächsten hundert Jahre allein ihr Gesicht bestimmten. In ihrer Vereinigung von Zweckmäßigkeit und bester Technik mit einer harmonischen Führung in der Landschaft und einer stolzen Schönheit der Bauwerke werden sie vielmehr späten Generationen ein bleibender Ausdruck für die Möglichkeiten und den Reichtum sein, die im deutschen Volk unter äußerer Armut verborgen waren und durch einen starken Willen zur Entfaltung gebracht wurden.

Abb. 36. Reichsautobahn. Verbindung mit einer kreuzenden Straße.

Abb. 37. Reichsautobahn und Zubringer. Einseitiger Anschluß.

Abb. 38. Beiderseitiger Anschluß an eine kreuzende Straße.

Abb. 39. Verzweigung der Reichsautobahn.

Elementare Elektrizitätslehre

Von Dr. Georg Heussel.

1. Grundbegriffe. Das Ohmsche Gesetz. 93 S., 140 Abb., 8⁰. 1932.
Brosch. RM. 3,—
2. Das elektrische Feld. 187 S., 233 Abb., 8⁰. 1933. Brosch. RM. 4,80
3. Das magnetische Feld. 239 S., 247 Abb., 8⁰. 1936. Brosch. RM. 6,50

Der Kesselwärter

Ein Lehrbuch für Wärter von Dampfkessel- und Heizanlagen. Von
Dipl.-Ing. Heinz Huppmann und Ing. Georg Zeller. 2. Aufl. 280 S.,
227 Abb., Gr.-8⁰. 1942. Brosch. RM. 5,—

Taschenbuch der Stadtentwässerung

Von Dr.-Ing. K. Imhoff. 9. Aufl. 298 S., 90 Abb., 12 Taf., 8⁰. 1941.
Lw. RM. 6,50

Flugzeugberechnung

Von Dr.-Ing. Rudolf Jaeschke.

Bd. I: Strömungslehre und Flugmechanik. 4. Aufl. 174 S., 88 Abb.,
21 Zahlent., 8⁰. 1943. RM. 6,—
Bd. II: Bearbeitung von Entwürfen und Unterlagen für den Festigkeits-
nachweis. 3. Aufl. 202 S., 64 Abb., 38 Zahlent., 8⁰. 1943. RM. 6,—

Grundlagen der Fernmeldetechnik

Von Dipl.-Ing. Immo Kleemann. 262 S., 144 Abb., 8⁰. 1941.
Kart. RM. 7,—

Lehrbuch der Physik

für Ingenieurschulen, technische Schulen sowie zum Selbstunterricht.
Von Kleiber-Karsten. Neu bearbeit. von Dr. Heinrich Alt. 27. Aufl.
584 S., 884 Abb., 8⁰. 1943. Hln. RM. 5,—

Physik für Bauschulen

für Bautechniker sowie zum Selbststudium. Von Johann Kleiber.
4. Aufl. neu bearb. Von Heinrich Alt. 280 S., 512 Abb., 8⁰. 1942.
Hlw. RM. 4,—

Die Wasserversorgung

Von Dr.-Ing. e. h. Joseph Brix, Dipl.-Ing. Hermann Heyd und Dr.-Ing. Ernst Gerlach. 3. Aufl. 368 S., 123 Abb., Gr.-8⁰. 1943.

Hlw. RM. 17,30

Mathematik für Ingenieure und Techniker

Von R. Doerfling. 4. Aufl. 633 S., 306 Abb., Gr.-8⁰. 1942.

Hlw. RM. 9,60

Taschenbuch für Fernmeldetechniker

Von Obering. H. W. Goetsch. 10. Aufl. 787 S., 1222 Abb., 8⁰. 1943.

Hlw. RM. 16,—

7 Formeln genügen

Vorbereitung zur Gesellen- und Meisterprüfung im **Elektrohandwerk.** Von Bauamtmann Bened. Gruber. 9. Aufl. 346 S., 423 Abb., Kl.-8⁰. 1943.

Kart. RM. 3,40

Üben mit 7 Formeln

Aufgabensammlung mit Lösungen zur Vorbereitung für die Prüfung im Elektrohandwerk. Von Bauamtmann Benedikt Gruber. 2 Teile. Kl.-8⁰.

Gesellenprüfung

4. Aufl. 88 S., 56 Abb. 1942.

Kart. RM. 1,80

Meisterprüfung

4. Aufl. 86 S., 25 Abb. 1942.

Kart. RM. 1,80

Grundbegriffe der Technik

Ein Vielsprachen-Wörterbuch nach der Einsprachen-Anordnung. Kl.-8⁰.

Deutscher Teil: Grundbegriffe der Technik. 283 S.   Lw. RM. 5,—
Englischer Teil: General Technical Terms. 222 S.   Lw. RM. 5,—
Französischer Teil: Technologie Générale. 276 S.   Lw. RM. 5,—
Niederländischer Teil: Grondbegrippen der Technik. 224 S. Lw. RM. 5,—

Taschenbuch für
Schiffsingenieure und Seemaschinisten

Von Obering. E. Ludwig. 6. Aufl. 671 S., 561 Abb., 8⁰. 1942.
Lw. RM. 12,—

Wärmetechnische Berechnung der
Feuerungs- und Dampfkesselanlagen

Taschenbuch mit den wichtigsten Grundlagen, Formeln, Erfahrungs-
werten und Erläuterungen für Büro, Betrieb und Studium. Von Ing.
Fr. Nuber. 9. Aufl., 248 S., 40 Abb., Kl.-8⁰. 1941.   Kart. RM. 3,80

Grundriß der Chemie

Eine Darstellung auf Grund einfacher Versuche. Von Dr.-Ing. Friedr. Popp.

1. Teil: 144 S., 34 Abb., 1 Tafel, 8⁰. 1941.   Kart. RM. 2,50

2. Teil: 171 S., 42 Abb., 8⁰. 1942.   Kart. RM. 3,20

3. Teil: 144 S., 17 Abb., 8⁰. 1943.   Kart. RM. 3,20

Technische Mechanik

Von Emil Schnack VDI.

1. Teil: Bewegungslehre. 3. Aufl., 118 S., 130 Abb., 61 Beispiele, Kl.-8⁰.
1943.   Kart. RM. 1,80

2. Teil: Gleichgewichtslehre. 3. Aufl., 124 S., 252 Abb., 56 Beispiele,
Kl.-8⁰. 1943.   Kart. RM. 1,80

Einführung in die Wähltechnik

Von Dipl.-Ing. Erwin Winkel VDI. 139 S., 20 Bilder im Text, 75 Bilder,
Verkettungs- und Schaltzeitpläne in zwei Beiheften. 1942. Hlw. RM. 8,50

Die Technik des Konstruierens

Von Prof. Dr. techn. H. Wögerbauer. 143 S., 53 Abb., 8⁰. 1942.
Hlw. RM. 6,—

R. OLDENBOURG / MÜNCHEN UND BERLIN